The ChatGPT Revolution

我的AI助手

ChatGPT日常应用指南

Donna McGeorge
[美] 唐娜·麦乔治 著
刘凯 译

中国科学技术出版社
·北 京·

北京市版权局著作权合同登记　图字：01-2023-5678

图书在版编目（CIP）数据

我的 AI 助手：ChatGPT 日常应用指南 /（美）唐娜·麦乔治（Donna McGeorge）著；刘凯译 . — 北京：中国科学技术出版社，2024.5

书名原文：The ChatGPT Revolution: How to Simplify Your Work and Life Admin with AI

ISBN 978-7-5236-0518-9

Ⅰ . ①我… Ⅱ . ①唐… ②刘… Ⅲ . ①人工智能 Ⅳ . ① TP18

中国国家版本馆 CIP 数据核字（2024）第 042108 号

策划编辑	申永刚　王秀艳	**责任编辑**	任长玉
封面设计	奇文云海 · 设计顾问	**执行编辑**	王秀艳　徐　瑾
责任校对	张晓莉	**版式设计**	蚂蚁设计
责任印制	李晓霖		

出　　版	中国科学技术出版社
发　　行	中国科学技术出版社有限公司发行部
地　　址	北京市海淀区中关村南大街 16 号
邮　　编	100081
发行电话	010-62173865
传　　真	010-62173081
网　　址	http://www.cspbooks.com.cn

开　　本	880mm × 1230mm　1/32
字　　数	105 千字
印　　张	6
版　　次	2024 年 5 月第 1 版
印　　次	2024 年 5 月第 1 次印刷
印　　刷	大厂回族自治县彩虹印刷有限公司
书　　号	ISBN 978-7-5236-0518-9/TP · 469
定　　价	59.00 元

序言

让人们有时间去做他们认为最重要的事情，这既是我的使命，也是我写书的原因——节省时间、提高效率、提升生产力。书中的想法，来自我对组织中常见情况的察觉，人们总能碰到跌磕蹭蹬、灰心丧气的情况。

因此，我的写作主题是有关如何利用工具高效沟通、妥当安排日程、打造空间舒展自我的。

接下来，当出版商找到我，让我写一本关于人工智能（AI）——具体而言是 ChatGPT——如何帮助人们提高生产力的书时，人们经常跟我分享的那些问题便直接跃入脑海。

除了上述三个主题之外，我经常听到的问题（也可能成为未来书稿的主题）还有：

- 授权
- 决策

- 电子邮件
- 信息过载
- 任务管理
- 生活管理

我敢说这个清单肯定会非常长。这就是阻碍我们完成"真正"工作的"黑手"。人们会把它们当作一些鸡毛蒜皮的琐事，尤其当我们不常做的时候，就更是如此。例如，回想一下你最后一次做以下事情是什么时候：

- 撰写职位描述和发布招聘广告
- 为刚入职的新人编写规章或工作流程
- 从头开始编写演示文稿（PPT）或方案
- 处理客户投诉
- 策划一次活动

当你要应对这些不经常出现的任务，尤其是从零开始时，它们会耗去大量时间。这些任务不好委派，一是由于大家都不经常做这些任务，二是因为自己做的话可能更容易、更快。

面对那些重复、枯燥、乏味的任务，ChatGPT 就是一个“好帮手”，帮助我们完成那些任务。虽然这些工作必须完成，但它们耽误了我们完成更有价值的工作，或者占用我们与家人相处的大量时间，或者消耗了实现我们既定目标的精力。

ChatGPT 问世后，无论在何种岗位，都会为我们提供一个虚拟助手、实习生或助理来帮助你完成这些琐碎的任务，甚至能比之前自己干快 50%。

麻省理工学院的一项研究发现，在员工中推行并使用 ChatGPT，生产率提高了 35% ~ 50%，并且质量提高了 25%。

那么，问题就是：你是否需要这个“助手”让生活和工作变得更轻松，从而留出更多时间？如果是，请继续阅读。

你会用这些空闲时间做什么

劳动的最终目的是为了拥有闲暇。

——亚里士多德（Aristotle）

因此，人类自诞生以来，将第一次面临这个真切而永恒的问题——在摆脱经济重压之后，他们将如何利用科学和复利的力量为人类赢得的闲暇，让人们过上睿智、愉快和满意的生活。

——约翰·梅纳德·凯恩斯（John Maynard Keynes）

几个世纪以来，从印刷机到吸尘器的技术进步都是为了给人们提供更多的休闲时间。结果适得其反，它给我们带来的却是更多的工作时间。

奥利弗·伯克曼（Oliver Burkeman）认为，人生大约有4000个星期。这个数字让人警醒，让我审视自己命运的终点，并产生了更进一步的想法，“我已时日无多，必须争分夺秒、惜时如金。”

现在，是时候利用人工智能和ChatGPT等科技的进步，兑现增加闲暇时间的承诺了。

当前，ChatGPT和人工智能的话题名噪一时，也许你已经有所耳闻。但当你拿起本书的时候，可能既不明白它到底有什么作用，也不晓得它能够帮你节约多少宝贵的时间。

本书旨在让你驾驭机器，提高生产力，享受科技带来的福音。

现在，人们已经在使用ChatGPT来生成：

- 有难度的电子邮件
- 流程图
- 使用指南
- 演示文稿大纲
- 职位描述
- 求职申请
- 行政任务
- 大量信息的摘要和分析
- 产品说明
- 文章和博客的内容

如果你想了解它的话，那就对了，我不正用它来帮着写书吗（稍后详述）。

ChatGPT 和人工智能体现了计算机理解和回应人类语言能力的重大进步。它有可能改变人与技术的互动方式，带来更加自然和直观的体验。

然而，与任何新技术或省时的应用一样，它可能最终会增加工作量而不是节省时间。就好似，电子邮件本来应该让生活变得更轻松，最后却成了我们很多人的噩梦。这让我想起了一个德语单词“Verschlimmbesserung”，意思是“弄巧成拙”，原本想要改善反倒让事情变得更烦琐。

若能善用，ChatGPT 便可为其他活动节省宝贵的时间，所以真正的问题我认为是：你该如何利用这些时间？随着技术的不断进步，任务将变得更加轻松，但怎样使用我们新获得的空闲时间，这取决于我们自己。

免责声明：在进一步阅读之前，得先给你打上一剂“预防针”——技术的发展日新月异，但里面的“坑”也有不少。即使在写作的时候，情况也在不断变化，有关 ChatGPT 新版本和新功能的传闻不绝于耳。况且，人工智能技术发展得如此迅猛，以至于书中的一些想法在上市之前就可能被认为是过时的。即便如此，本书的要义仍然给出了从人工智能技术中获得最大收益的核心策略。具体而言，这个技术就是 ChatGPT。

你哪还有时间浪费？请从此刻开始，享受 ChatGPT 带来的大变革吧。

译者序

在文艺复兴和启蒙运动的曙光中，近代科学如同挣脱锁链的雄狮，打破君权和神学的桎梏，驱散人类头顶愚昧与无知的阴霾。它宛如晨曦初照，用智慧的光芒点亮人类前进的道路，引领我们探寻微观粒子与宏观宇宙的奥秘，解锁生命之谜，解读社会运行的密码。这是一段探索和发现的壮丽旅程，也是一部讴歌人类智慧的壮美史诗。

自此，“大写的人”挺立而起，人类对理性的崇拜成为现代的新信仰，潜藏于科学与技术两条路径之中。科学回应何为理性以及为何理性，技术则回答如何理性。前者探索本体论和认知论的理论问题，后者解决方法论的实践问题。然而，在人工智能的“万有引力”作用下，二者进行了最猛烈的相互冲撞，迸发出横跨自然与人文的大哉问之光火。

在人工智能的震荡式发展中，技术前行的步伐远超于来自科学的关照。当机械系统复杂到一定程度后，人们夸赞的是人类的心灵手巧。但当软件系统复杂到一定程度后，人们却反而担忧自身的未来。毕竟，当前的机器学习系统，不仅模型训练过程难以解释，随着模型基座数据量的增长，大模型还涌现出了新的能力。特别是，以 ChatGPT 为代表的大语言模型更是凭超强的算力和超量的数据，改写了人工智能领域的技术与应用范式。于是，在深蓝、AlphaGo 之后，大语言模型再一次以其巨大的张力再一次舒展了公众想象之翼，仿佛人工智能已经突破理论束缚，即将翱翔在通用人工智能的天空。

然而，ChatGPT 的技术本质，只是一个专用人工智能系统。事实上，现有的大语言模型系统都不具备认知能力，也难以获得真正的逻辑推理、情绪情感、道德判断、自我意识等功能。

首先，没有身体。具身认知研究早已深刻阐明，身体对认知发展和建构具有不可替代的作用。大语言模型的知识源自语料的高维统计分析而非身体图式的支撑，缺失了对外部世界的感知边界，导致内在语义无法接地，亦无法为自己构建世界模型。

其次，缺少动机。没有内在动机就没有自治的灵魂。大语言模型的基座在训练完成后其参数便不再变化。若没有外部会话介入，或仅与用户建立会话但用户不发问，它将始终处于静默状态。整个系统离不开外部目标驱动，不是用户直接提交请求，就是提示工程间接嵌入，并无自生内驱力之可能。

再次，认知封闭。面对不断变化的外部世界，智能主体必须能够对突如其来的刺激做出及时响应，否则就将面临生死之危。智能的核心特征是开放性，其认知加工也必然是同步、在线和实时的。然而，大语言基座模型的训练与应用之间却是异步、离线和滞后的，新近发生的个别重大事件或小概率经验不仅让其难以有效应对，亦无法及时整合至核心模型之中。

最后，无主观性。大语言模型中，除了“我”“自己”之类的空洞语言符号，没有自我存在之所。缺少真正意义上的认知系统，决定了此类系统没有精神世界和主观性，它无法进行自洽的自我修正，更难以确保长链推理任务的有效性。

总之，从技术视角看，ChatGPT 的本质特征是工具性。但它有两个非常讨巧之处：一是利用自然语言作为训练语料，二是使用超大规模的优质语料集。前者让其看上去更“通用”，后者则让其用起来更“智能”。所以，大语言模型的通用本质是训练数据的通用，而非认知的通用。

上述剖析试图提供一个客观的认知框架，让读者能够洞察大模型的科学与技术定位，抛去不切实际的科幻期待，进而增加应用好感。

其实，大语言模型最大的贡献，是它将人工智能带入到人本化的新阶段——“人本人工智能”。ChatGPT 变革了人机交互的方式，让以用户为中心不再是数字生态系统中的一句空洞口号，而变成实打实的流畅用户服务体验。

本书作者难能可贵之处在于，她没有扮演一位伟大的科技先知，向读者传道浮夸的未来场景与人机冲突，而是化身一个平易近人的知心大姐，站在读者的立场上讲述着如何让 ChatGPT 帮助我们打理日常。不论是工作中面对纷繁复杂的资料准备，还是晚饭前纠结于“吃什么”的难题，抑或是为即将到来的甜蜜旅程所做的精心规划，ChatGPT 都可以成为人们的得力助手。只要能清晰、准确地表达出自己的需求，它就能满足我们的期望。这其中的诀窍，正是作者在书中分享的宝贵的亲身经验。

出于人——在情境中考虑人的立体需求；

为了人——以适宜的方式为人提供服务；

终于人——摒弃客观评价重视人的感受。

这就是人本人工智能的精髓，于 ChatGPT 大变革的时代，

“小写的人”由此轮回。在人本人工智能的新阶段，引领技术发展潮流的不再是“大写的人”、数字的人、均值的人、复数的人、抽象的人，而是“小写的人”——是个体的人、是身体的人、是情景的人、是在场的人、是普通的人、是鲜活的人、是有温度的人、是离散的人，是你、是我，也是他。

如若不信，一读即知。ChatGPT 之妙，一试便明。

本书得到国家社会科学基金重大项目“人本人工智能驱动的信息服务体系重构与应用研究”（22&ZD324）的支持。

刘　凯

2023 年 12 月 16 日，于榴花

前言

本书遵从了我在网络会议、工作坊、企业课程和实践课程时的风格。它具有实用性和易于阅读的特点，能让你的工作方式快速实现简单而真实的变革。

它绝非一本厚重的巨著，既不会沉得让你携带不便，也不会成为床头柜上的咖啡杯垫。相反，它提供了快捷提示、真实的故事、大量的实用建议，旨在鼓励你反思现在的工作方式以及如何利用 ChatGPT 更简单、更聪明地解决工作的问题，书中还有很多实用的练习，这些都有助于入门。

我对本书的阅读建议是，保持简单与实用。从小处着手，逐步掌握更大的概念。一开始阅读时，请先挑选一两个你最感兴趣的内容，然后就可以立刻“开工”了。（当明白这有多容易后，你会谢我的。）

本书第一部分讲述了 ChatGPT 是什么以及人工智能（AI）和机器学习（ML）的悠久历史。你可能并未意识到，在日常生活中，你已频繁地使用 AI 和 ML 了。书中还会介绍保持好奇心的重要作用，并以此契机来学习 ChatGPT 和其他 AI/ML 技术。它们正等着我们去了解，请大家立刻“上车”。

本书第二部分介绍了实用的 ChatGPT 上手指南，帮助你在工作和生活中都能更有效率。想象一下，有一个实习生或虚拟助手能一直在旁边替你完成一些琐碎工作，岂不快哉？这个“她”，就是本书为你准备的！

在阅读本书的过程中，我想让你听从我已故导师兼朋友罗杰·迪纳尔（Roger Deaner）的建议，他告诉我要“若没干成，便勿轻信”。这句话帮助我在面对各种挫败时仍保持好奇心。

的确，这似乎有些违反直觉……但我要鼓励你别盲目地相信书中的“凿凿之言”。相反，我希望你对 ChatGPT 感到好奇，并自己探索它。这样你将积累 ChatGPT 可为与不可为的实践经验，继而据此去挖掘它的应用潜力。

当你阅读时，你会发现我的文字有时可能有点儿无厘头——因为生活也如工作一样重要，不该厚此薄彼太过认真。阅读一本书应甘之如饴，而非苦不堪言！

欢迎你来到人工智能、机器学习和 ChatGPT 的世界，请展卷品读并亲测亲验，尽情享受其中之乐吧！

目录

第一部分

激发好奇心

请问阿尔伯特·爱因斯坦（Albert Einstein）、汽车和非洲角马有什么共同联系？

这并非一个无厘头的笑话，看似风马牛不相及，实际上却因全球定位系统（GPS）而关系密切。

爱因斯坦的相对论为 GPS 系统奠定了基础，它不仅能让我们驾驶汽车从甲地到达乙地，还让人们能够追踪地球上动物的迁徙模式，包括角马、北极燕鸥和座头鲸。

请想象一下，当爱因斯坦站在写满四个黑板的计算公式前，然后将它简化为 $E=mc^2$ 时，他能否想到有一天他的理论将用于追踪动物的迁徙模式？显然不太可能。然而，这就是科技的力量，最终人们都会将其造福于人类和全世界。

爱因斯坦被公认为人类历史上最杰出的科学家之一。生命不息，好奇不止——这种一直存在的好奇心驱使他探索宇宙的本源。

也正是由于他和“站在他肩膀上”的后继者们的好奇心，才让我们得以将 GPS 技术应用在汽车和智能手机上，为我们的生活带来便利。

人们可能没有意识到，直到 21 世纪初，大众汽车才能使用 GPS，而它现如今已经彻底融入了我们的生活。离开它，我们的生活和出行将有诸多不便。

就像 GPS 一样，人工智能（AI）和 ChatGPT 等技术应用已经问世，它们的使用范围及随后融入我们生活的程度尚不清楚。即使是在写这本书的时候，情况每天都在发生新的变化，人们不断地分享他们使用人工智能的心得与经验，多得让我都快跟不上技术发展的脚步了。

让我保持不断前进并将这本书交到你们手中的是开放的心态和好奇心。

好奇心在推动进步和塑造我们对新技术的理解方面发挥着至关重要的作用。

我们必须面对现实，科技以前所未有的速度发生突破，保持最新和知情的状态变得更具挑战性。别说做出新的发现了，你可能就连电子邮件和日程安排的技术更新都跟不上。

你值得花点儿时间去了解 ChatGPT 和人工智能的优点，

理解它如何简化你的生活和工作，并最终为你节省时间。为此，可以尝试如下方法：

（1）抽些时间了解相关内容，可能只要一个小时。

（2）从不同角度阅读文章，并与同事进行讨论。

（3）思考一下 ChatGPT 其他可能的使用方法，并更清楚地知晓它如何帮助你。

目前，关于 ChatGPT 的信息数不胜数，它们来自不同的观点，请你自己决定它对你有多大的用处（或没有用）。

与此同时，让我们进一步深入研究如何使用这个工具来让你的工作和生活更轻松。

第1章 ChatGPT 的发展历程

我的朋友萨姆一直是社交媒体软件的狂热用户，是脸书（Facebook，现更名为 Meta）和照片墙（Instagram）等应用的最早一批使用者，并且总是能够快速地接受新兴技术。她实际上是第一个向我询问 ChatGPT 的人。

当她在社交时，她喜欢与朋友和家人分享她的想法、日常生活和动态。然而，有一天，当她在浏览社交动态时，她突然感觉哪里有些不太对劲。虽然这段时间社交动态的推送中已经有一段时间包含了广告和赞助帖子，但她忽然间觉察到每个赞助帖子或广告都很完美，于是“购买”欲望开始失控。

社交媒体平台仿佛比她更了解自己。

萨姆不知道的是，从 2013 年开始，脸书就尝试向用户“智能化”推送内容了。

数字营销公司 Power Digital 在 2013 年报道：“为推送高

质量内容，以便用户只看到其最感兴趣的帖子。最新的算法分析了 1000 多个不同因素，将更多来自品牌的功能性内容推送给用户。”

你是否曾经发现浏览社交媒体时，突然弹出一条似乎非常适合你的广告？广告内容也许正是自己一直在考虑购买的产品或一直想尝试的服务。

这就是社交媒体平台利用人工智能和机器学习（ML）算法的运营方式。根据你的活动以及与你有关联的人的活动，来提供令你中意的内容、产品和服务。

如今，从智能手机上的数字助手到推荐引擎，人工智能和机器学习无处不在，比如，这些推荐引擎会推荐电影或产品。以下是一些日常生活中的人工智能和机器学习的应用实例：

- 电商。亚马逊等使用机器学习算法，根据你的购买历史和浏览行为来提供推荐。如果你在亚马逊上购买一本书，该网站将推荐同类主题或风格的其他书籍。比如，你喜欢本书，那么你可能也会喜欢唐娜·麦吉奥的其他书籍。
- 语音助手。诸如 Siri、亚马逊 Alexa 和谷歌助手等程序，使用自然语言处理（NLP）来理解和响应口头或书面指令。它们还可以执行设置提醒或播放音乐等简单任务。

- 聊天机器人。聊天机器人正变得越来越流行，它们被用于客户在线服务，让人工智能来模拟人类对话，向用户提供帮助。例如，如果你需要在线购物方面的帮助，聊天机器人可能会回答你的问题并指导你完成全部购买过程。
- 自动驾驶汽车。自动驾驶汽车使用传感器、摄像头和机器学习算法的组合进行路径导航及避障，其算法的训练基于海量数据，包括道路标志、交通模式和天气状况等。
- 医疗诊断。目前，医学研究人员使用机器学习算法分析大量患者信息并打造疾病数据集，用于识别患者的病症并做出更准确的诊断。对某些疾病的诊断，机器学习算法有时比人类医生更准确。

ChatGPT 问世了。

但是先等一下……ChatGPT 是什么？

不如直接问问 ChatGPT。

问 ChatGPT：请说明 ChatGPT 是什么。

ChatGPT 答：ChatGPT 是一种复杂的计算机程序，它使用人工智能中的自然语言处理技术来理解和回应人类语言。它已经接受了大量文本数据的训练，并利用这些知识来生成对各种问题和主题的回答。

它有点儿像一个读过世界上最大图书馆里每一本书的图书管理员，而且能够提供人们索求主题的信息。它像一个聪明的机器人，可以跟人交流，回答人们的问题。

你知道如何让 Siri 或 Alexa 给你讲个笑话或为你播放一首歌曲吗？ChatGPT 也使用类似技术，但能做更多的事。作为一种语言模型，ChatGPT 已经接受了大量数据的训练，以便能够理解和生成类人的（自然）语言。

这意味着用户可以发出自然语言的提问或提示，ChatGPT 也能用自然语言进行响应，就像跟人交流一样。

ChatGPT 的训练数据内容多种多样，从简单的琐事问题到科学、历史和政治等更复杂的主题应有尽有。超大信息库使其能够为各种问题提供详细且相对准确的答案。本书将在第二章中更多地讨论准确性。

你可以用它来解释难以理解的概念，获得有关个人或职业方面的建议，或者只是就感兴趣的话题进行交谈。它的速度很快！我第一次使用时，也惊讶于页面中它肉眼可见的快速回复。

简史

虽然 ChatGPT 的应用让人觉得耳目一新，但它的原理和技术却经年有余。

自 20 世纪中叶，人工智能和机器学习诞生以来，它们已经走过了漫长的历程。虽说“人工智能”一词 1956 年才首次出现，但其背后的思想可以追溯到更早期学者的研究工作，如：

查尔斯·巴贝奇（Charles Babbage）设计了差分引擎（计算器），并在 19 世纪 20 年代设计了一款名为分析机的早期计算机。虽被视为现代计算机的鼻祖，但它实际上从未建成；然而，它却激励了整整一代计算机科学家和工程师。巴贝奇一直尝试突破局限——认为机器能执行的任务绝不只是简单的计算。

阿达·洛夫莱斯（Ada Lovelace）因在 19 世纪 40 年代提出第一个计算机算法而声名赫赫。她与巴贝奇一起研究分析机。洛夫莱斯极富远见，她看到了机器在学习和发展超出其编程范围的智能方面的潜力。基本上，她是人工智能最早的思想家！

阿兰·图灵（Alan Turing）被誉为人工智能之父。他提出了通用图灵机的概念，这是一台可以执行人类能够进行的任何计算的机器。他还提出了图灵测试，用来评估机器展现类人智能的能力。他的开创性工作，为现代人工智能和机器学习的发展奠定了基础。

快进到 21 世纪，ChatGPT 在 OpenAI 手下横空出世。OpenAI 是一家由几位科技界的翘楚所创立的研究型公司，其中包括埃隆·马斯克（Elon Musk）（2018 年离开了该组织）和山姆·奥特曼（Sam Altman）。

OpenAI 的团队想要创建一个程序，该程序可以理解人类语言并以一种听起来像来自真人的方式跟人交流。

其初代语言模型版本被称为 GPT-2，于 2019 年发布。它能够针对各种提示、问题和陈述生成相当不错的响应。人们担心这项技术可能会被用来传播虚假新闻或信息，因此公司并没有立即发布该程序的完整版本。

该模型的下一个版本是 GPT-3，于 2020 年发布，它比 GPT-2 更好。新版本技术先进、功能强大，不仅可以生成连贯的文本，还能生成创意写作和计算机编程代码。它在应对日常事务而节省时间方面前进了一大步。

2022 年 11 月 30 日 ChatGPT 正式发布，使用的模型版本为GPT-3.5。发布时，GPT-3.5是当时最大的AI语言模型，模型参数多达 175 亿个。这使它能够迅速地处理从翻译语言到文本摘要再到回答问题等各式任务——所有这些都只需要极少的微调，而且真的很快！

2023 年 3 月中旬，ChatGPT 升级版本，基于更加强大的 GPT-4，其参数规模高达约 100 万亿个，意味着它不仅可以撰写文章和论文，甚至还能创作艺术和音乐。

GPT-3.5 和 GPT-4 二者参数的差异，好比一片海滩的沙粒数与地球上的沙粒数之间的巨大差距。这令其有很多新的方法可以借此融入工作和生活中，让人们摆脱繁杂事务，继续享受生活。

我喜欢把它当作一个虚拟助手、同事或朋友，它可以帮我完成工作、提供建议，或者只是跟我随便聊聊。

ChatGPT 模型的训练基于超大规模的文本数据集，这让它能够理解并使用自然语言回答问题。就像需要不断阅读新书来更新知识的科研人员一样，ChatGPT 也要定期更新和微调，以确保回复的内容准确而及时。

由于它能够处理大量信息并生成类人文本，因此 ChatGPT 的应用非常广泛。

我曾经跟一些人谈过，他们不清楚 ChatGPT 和搜索引擎有什么区别。最好的解释方法就是举例说明：如果我访问一个搜索引擎，输入“包括土豆、奶酪和香料的素食食谱”，我会得到 5310 万个结果和页面，然后得花工夫逐条浏览才能找到想要的内容。这很耗时间，对吧？

ChatGPT 就不一样了。如果我对 ChatGPT 说：“给我提供包括土豆、奶酪和香料的素食食谱。”它会提供配料和烹饪步骤。如果知道你想去采购，它还可以生成一份购物清单。如果你不喜欢第一个回答（在这种情况下是奶酪土豆块），可以要求它换一个新食谱，直到满意为止。

让我们暂停一会儿，想象一下如果你聘用了一名私人图书管理员，专门为你快速提供所需信息，无须你亲自翻书或查看搜索引擎，这不就是你一直向往的生活？

这就是 ChatGPT 的魅力所在——专属的虚拟图书管理员，她经验丰富，随时响应你的召唤。

这只是另一种时尚吗

2022 年 11 月发布后，仅 5 天，ChatGPT 就吸引了 100 万用户。

当考虑到其他受欢迎的在线服务需要更长的时间才能达到 100 万用户（图 1.1），ChatGPT 的成就着实令人震惊。

前纪录保持者 Instagram 在 2.5 个月内吸引了 100 万用户，而 Spotify（声破天）和 Dropbox（多宝箱）分别花了 5 个月和 7 个月。

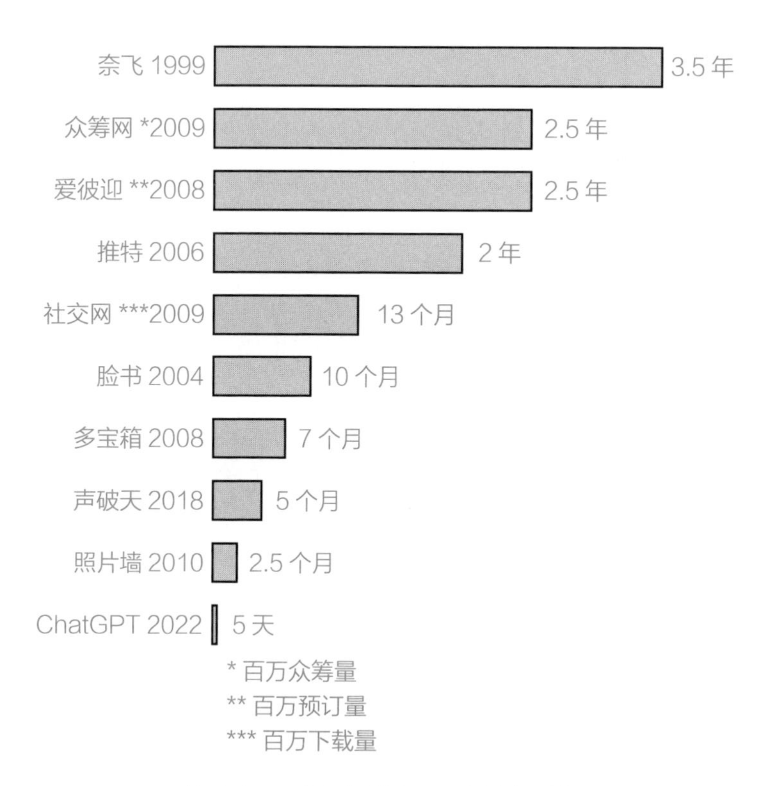

图 1.1　各应用达到 100 万用户的时间

资料来源：Statista 官网。

事实上，大多数在线服务公司达到 100 万用户里程碑所花费的时间比 ChatGPT 长得多。更值得注意的是，图中列出的不少公司已经成立了 10 多年。公平而言，斗转星移、时光流逝，互联网日益普及，在线服务企业吸引用户的速度也变得更快了。

于我而言，如此之快的接受速度是第一个证据——ChatGPT 一定会以某种形式或方式立足于世。

第二个证据是它的易用性。不需要编程，不需要计算机学习背景，只要能打字——如果会用语音转文本工具，甚至都不需要打字。

第三个证据是它能为人们节省时间，让工作和生活变得更加轻松。

最后，随着时间的推移，它会日臻完善。自 ChatGPT 问世以来，已经得到改进，或推出更好的竞品，以及其他人工智能应用程序。这些应用程序以其巧妙和高效的能力让用户惊叹不已。

有人觉得自己可能对科技一窍不通，所以无法理解 ChatGPT。也有人因 ChatGPT 可能对生活产生的影响而忧心忡忡。有可能，它太复杂；也有可能，你对使用 ChatGPT 心有余而力不足；还有可能，你担心它会犯错并惹出乱子。

但是，ChatGPT 不会因此而消亡。

新技术的使用正变得越来越容易，它们愈发简单、直观，ChatGPT 就是其中一个很好的例证。对一个使用人工智能和自然语言处理为用户提供问题的复杂模型来说，上手 ChatGPT 易如反掌。

你不需要成为人工智能或机器学习方面的专家就可以使用这项技术，它就是想让每个人都能用起来。你要做的只是输入问题或给点儿提示，ChatGPT 就能为你提供清晰简明的答案。而且，如果你不理解答案，可以要求它像说给一个七岁孩子听一样地再次回答。

以下是一些示例：

提示：解释核裂变如何起作用。

ChatGPT：核裂变是一种原子核分裂成两个或更多较小核的过程，在此过程中会释放大量的能量。核裂变过程通常通过用中子轰击原子核来引发。

当一个中子撞击原子核时，它可能被吸收，导致原子核变得不稳定而分裂成两个或更多较小的核，同时释放出几个中子和大量的能量。这些释放出的中子可以继续撞击其他原子核，引起链式反应并释放出更多的能量。

（我已经看得头大了……）

提示：现在把它改写为好像你在说给一个七岁的孩子听。

ChatGPT：您玩过积木吗？想象一下，一个原子就像一个积木，它是由更小的部分组成的。当我们用微小的粒子射击原子时，它会分裂成更小的部分并释放出大量的能量，就像您拆开积木塔一样，它会轰然倒塌。

科学家可以利用这种能量来发电，供我们在家中使用。但必须非常小心，因为如果处理不当，也可能很危险。这就像玩火，虽然很有用，但我们必须小心别被烧伤！

噢，我明白了！

称手的工具

有些人担心技术对其生活有影响。他们担心随着科技的“侵蚀”，人们正在失去对时间和注意力的控制。

虽然可能会被社交媒体推送的信息淹没，但我们中的很多人每天都会花费数小时做点儿研究，不管是为工作、学习还是出于个人兴趣。如今，我们可以简化这个过程并节省宝贵的时间。ChatGPT 可以快速找到所需信息并以清晰简明的方式呈现，让我们能够专注于其他任务和活动。

当然，有一点千万不能忘，技术并非解决生活中所有问题的万能药。它不能取代人际交往，当然也不能解决所有的问题。不过，只要能妥善地使用它，不以牺牲生活情趣为代价，就能让我们的生活变得更轻松、更富有成效。

恢复工作和生活的平衡

现代生活的一个最大挑战就是在工作与生活之间取得某种平衡。我们中的许多人工作时间过长，牺牲了与亲人相处的时间，忽视了为我们带来欢乐的家庭活动。但是，ChatGPT 这样的技术可以帮我们找回时间。

其实，我们已经习惯了一些简化生活的技术。比如：

- 预算应用程序帮助我们更有效跟踪支出和管理财务。
- 健身应用程序帮助我们保持身体健康和生活方式的健康。
- 视频会议工具帮助我们与同事或客户进行远程沟通协作。

拥抱并合理使用技术，我们就能为自己最重要的事情赢得更多的时间和空间。

在 2020 年至 2023 年间，对很多人而言，远程工作和居家办公让他们平衡工作与生活的灵活性提升到前所未有的水平。多亏视频会议和云协作软件等工具，无论你身居何地，现在比以往任何时候都更加不受工作地点的限制。通过居家办公，就不必饱受长时间通勤带来的压力和疲劳之苦。

无须浪费时间去市场采购，只要在线下单，食物就能送到家门口。这样你就可以腾出宝贵的时间用在自己的爱好和兴趣上，或者与亲人共度时光，或者只是放松和休息。

就算忙于工作或其他任务，健身应用程序和可穿戴技术也能帮助我们保持健康与活力。通过跟踪自身的日常活动并设定目标，我们可以创建一种更平衡、更健康的生活方式，来支持我们的身心健康。不过，有时我会对智能手表说“闭嘴”，因为它又一次提醒我，又到运动时间了。

不论身在何方，社交媒体平台、即时通信软件和视频会议工具都可以帮助我们与家人、朋友、同事和合作伙伴保持联系。它们对我们的幸福和快乐至关重要。关系的维护需要时间，所以，赢得时间就是赢得幸福。

这些技术都不是人际交往的替代品，我相信 ChatGPT 和其他人工智能工具将为我们找回做最重要事情的时间：面对面的交流和有意义的体验。比如计划周末跟朋友一起度假、参加家庭聚会，或者只是去公园走走。这都是我们想做却通常没时间做的事。

更重要的是，ChatGPT是打赢职业倦怠战争的一款“大杀器”，它让我们不必再为工作和生活中的许多琐事而劳形苦心。

值得改变

世界不断变迁，技术也同样如此，人们不停地开发新的工具和应用程序。这意味着，若想在当今快节奏的环境中保持工作效率和竞争力，跟上时代变化至关重要。反之，跟不上时代，就有落后的风险，也会错过这些新工具带来的好处。

跟上技术发展的脚步，有助于我们更高效地工作。例如，Microsoft Windows不断升级，并持续加入新的功能——若想让所有人一直都用Windows95，这种念头绝对非常离谱。

无论我们的工作或角色是什么，在自己从事的专业领域内保持相对竞争优势都是头等大事。例如，如果从事市场营销工作，你需要了解最新的趋势和工具，以便创建那些能让目标客户产生共鸣的有效宣传活动。同理，如果从事财务工作，你需要掌握最新的预算工具和软件，以便更有效地为客户实现资本增值。

这事也许有点儿难度，毕竟可选工具有很多，很难知道从哪里开始。

克服技术超载

尽管技术可以成为平衡工作与生活的有力工具，但它也可能成为压力和分散注意力的来源。我不知道各位的感受是否与我一样，我有时不断收到通知、信息和警报，就感觉难以做到专注和高效。

我们需要承认过度使用技术对身心健康、生产力和人际关系可能产生的负面影响。

同样，我们也需要设定界限。这可能包括只在特定的时间段查看电子邮件或社交媒体，当我们需要专注于某个任务时就关闭消息通知，或者竭尽所能减少技术使用带来的分心，从而创造更多专注和高效的工作时间。

让我们用技术来发挥自身优势。

像 ChatGPT 这样的工具能让人们快速有效地获得所需的信息和结果，而不会被传统搜索引擎带来的信息所淹没。

虽然似乎有些奇怪，但 ChatGPT 介绍了以下三种可以帮助克服技术超载的方法：

1. 针对技术管理以及技术使用的明晰界线提出建议，减少技术超载带来的持续干扰。

2. 提供正念的练习和提示，以缓解压力和焦虑，培养更加专注的心态。

3. 建议采用多种方法增加人际交流，例如与亲人共度时光、加入社交团体或参与社区活动。

作为一名在提高生产效率领域工作过的人，看到屏幕上的这些建议时，我确实发现自己频频点头认可。

通过克服恐惧、刻苦努力并与时俱进，我们可以将技术用于节约时间、简化生活，让我们为最重要的事情留出时间。通过设定界限，可让技术丰富我们的生活，让人避免迷失其中。所以，不要害怕 ChatGPT、人工智能或其他任何技术，请大胆接受并用它们来创造你想要的生活。

虽然 ChatGPT 可以解决复杂的问题，但务必切记，它就是一台机器，只能提供基于程序所知的信息。许多人批评 ChatGPT 不够准确或“像人类一样”。我们需要记住它不是人类，对“人性”的期望本身就不现实。

我知道你的担忧，“我听说过一些关于 ChatGPT 和人工智能的令人不安的事情。那是安全的吗？”第二章将有助于回答这个问题。

提示

给 ChatGPT 起一个更朗朗上口的名字有何不可？我的一个同事称其为 Chachi。我称其为 Charlie，有时也简称 Chuck。

改变游戏规则的人

丹尼·里奇曼（Danny Richman）是一位搜索引擎优化（SEO）顾问，本·惠特尔是一名水管工。去年 12 月，惠特尔应约来到里奇曼家修理漏水的水管，两人因此结识。他们很合得来，里奇曼开始指导惠特尔拓展自己的业务。这听起来像是友谊故事的发端，对吧？

在里奇曼的帮助下，惠特尔成立了一家名为阿什里奇的游泳池安装公司。但由于惠特尔患有阅读障碍症，他给客户写正式邮件时遇到了困难。

这时，里奇曼想出了一个绝妙的主意，使用 ChatGPT 的 AI 工具来构建一个应用程序，从而将惠特尔的话转换成正式的电子邮件。

通过将自己的文字与该工具的输出进行比较，这个程序帮助惠特尔提高了语言技能。现在，这无疑是一个双赢的局面。

以下是一个例子：

原始文本来自本：

乔将在下个星期五给你们报价——Ben

ChatGPT 改写如下：

亲爱的乔，

希望您一切都好。

我将在下周五向您发送报价。如有任何疑问或需要任何其他信息，请告知我。

期待您的回复。

敬上，本。

这个程序被里奇曼在 Twitter 上分享后，迅速蹿红。来自世界各地的求助应接不暇，慈善机构、教师或失能人士都联系里奇曼，希望他能为有言语障碍的人开发某种东西。一个想法就能帮助这么多人，让人难以置信。

但最令人称奇的是，里奇曼甚至正在与 OpenAI 商讨如何在该公司的帮助下，以零成本的方式向用户分享这个程序，不做任何商业化。这真是一个改变游戏规则的人！

实验1：开始聊天

首先，使用ChatGPT创建一个免费账户。

前往OpenAI官方网站，并按照提示进行操作。暂时不要注册付费版本，先用免费版本上手练习。

在输出时，ChatGPT的主页提供了一个示例、功能和注意事项。除此之外，它相当素雅。如此简洁的界面也许会令某些人感到不安，因为这跟人们通常见到的花里胡哨的网页大不一样。

底部的空白框是你输入问题或“提示”的地方，AI领域称之为“提示”。

按下回车键或单击提示框末尾的箭头即可开始聊天。

你的每次聊天都会像菜单一样出现在左侧的列表中。你可以随时返回去查看或继续聊天。ChatGPT会记住所有的历史记录，并与当前聊天一以贯之。

每个新话题都从一个新的聊天开始。就是这些！

以下是一些助你动手操作的提议：

“想一个你感兴趣的话题，问问ChatGPT对其的想法和意见。例如，在提示中输入‘我很有兴趣了解更多有关太空探索的信息。你对此有什么了解？能否告诉我一些有趣的事实？’”

“请推荐有关特定主题或科目的内容。例如，在提示中输入，‘我正在寻找关于 XX 主题的好播客来听。你有什么建议吗？你最喜欢哪些？’”

“通过键入提示深入挖掘，例如‘告诉我更多有关 XX 主题的信息’或‘为我提供更多有关 XX 主题的信息’。”

小结

通过以下方式了解人工智能的更多信息：

关注你所使用人工智能、机器学习或聊天机器人的地点及方式。如今，你访问的每个网站都有一个弹出式聊天窗口，上面写着：“嗨，需要帮忙吗？”

与朋友、家人或同事交谈。你认识哪些可以谈论这方面的人？你身边是否有人似乎总能了解最新技术？他们对 ChatGPT 和人工智能有什么看法？

使用本书中已经介绍的那些想法。

第2章 ChatGPT 的好与坏

我的丈夫约翰是个科幻迷，几乎饱览了反乌托邦的末世主题电影，他相信人工智能和“机器”终将导致人类的毁灭。显然，他花了太多时间在《2001 太空漫游》《终结者》《黑客帝国》《复仇者联盟 3：无限战争》等影片上。

我所了解的 ChatGPT 的负面反馈中，批评者似乎主要分为两大类：

第一类人有些理想化，就像约翰一样。他们确信，人工智能和机器学习将变得更加强大并无处不在，而这只能导致我们所知的生命的终结。

第二类人更现实，他们认为人工智能会被恶意滥用。我们知道，如果你真的提出要求，它可以立即生成恶意代码，还能通过医学考试，写出令人信服的学术论文，替人做作业等。这个群体中的人担心 ChatGPT 会威胁到人类的工作岗位。

我倾向于看到事物积极的一面，就像电影《星际迷航》一样。说我是天真派或乐观派都没错,《星际迷航》描绘的未来让我更加期待——该影片的许多虚构设备如今已经走下银幕并进入人们的现实生活。如果你用 iPad 或在其他手持阅读器上阅读本书的话，这得归功于《星际迷航》。

我也同意美国哲学家格雷·斯科特（Gray Scott）的观点，人工智能或机器是否会变得暴力并不重要，重要的是它们将如何侵扰人们的生活方式。

机器人会采集、烹饪和供应人类的食物。他们会在人类的工厂里工作，代我们开车，替我们遛狗。不管你喜不喜欢，工作的时代即将结束。

对新技术感到不安这很自然，但有时我们的恐惧会有点失控，特别是当我们并不真正了解这项技术如何工作或它可能产生的影响的时候，我们就难免会杞人忧天，担心那些并不太可能发生的事情。

更糟糕的是，有些人真的别有用心地利用我们对新技术的无知与恐惧来实现不可告人的目的。他们可能会传播虚假的信息，也可能宣扬世界末日来吓唬我们，凡此种种不是为了骗钱赢利就是为了洗脑从恶。好生阴险！

ChatGPT 能用来抵抗邪恶吗

你可能听说过 ChatGPT 被滥用或产生负面后果。虽然开发先进人工智能系统随之而来的影响值得深思熟虑，但需要记住的是，这些问题并非 ChatGPT 所独有。它们只是未来人工智能研究和发展这个更大问题中的一部分。

所以，我们不要忘记，新技术虽然可能会很可怕，但它也能给社会带来积极的变化。谁知道呢，也许有一天我们会回首过去，懊悔一开始为何如此投鼠忌器。

根据我目前的经验，表 2.1 显示了我如何对利弊进行分类。

表 2.1 ChatGPT 的优缺点

优点	缺点
可生成内容	可编造内容
可以教知识	可用于诈骗
可生成巨量的信息源	存在偏见
速度快	可能会剥夺人们的工作机会
强大的摘要功能	个人内容被添加到它的公共数据集中

让我们依次看看这些缺点。

它编造了一些内容

当我第一次使用 ChatGPT 时，我很快就明白它有多强大。毫不意外，我的第一个问题就是这样想的：

例子提示：ChatGPT 如何帮助我提高工作效率？

其中一个回答（在许多其他有用的回答中）是：

ChatGPT：它还可以帮助您安排时间和组织工作。如果您有一个繁忙的家庭日程安排，您可以使用 ChatGPT 来创建一个每个人都可以访问的共享日程表。这意味着您可以在一个地方记录预约、学校活动等。如果您需要重新安排或取消一个活动，只需告知 ChatGPT 去做。

嗯，看上去真不赖！

跟进提示：告诉我该怎么做才能让 ChatGPT 搞定这些事？

ChatGPT：

第 1 步：如果您还没有一个 ChatGPT 账户，那就请先注册。请访问 ChatGPT 网站，根据指示创建一个账户。一旦登录，您就可以使用很多功能，包括日程安排和日程共享。

第 2 步：连接日程表。下一步是将您的日程安排连接到 ChatGPT。

这需要允许 ChatGPT 访问你的日程表并为您安排事件。

为此，请转到 ChatGPT 中的“设置”选项卡，并选择“日程绑定”。就在这儿，ChatGPT 提示它将访问你的日程表。只要按说明进行连接，就一切妥当了。

此外，还有许多更详细的步骤，再次略过。简言之，它继续告诉我如何做：

- 使用 ChatGPT 创建事件
- 与他人分享您的日程
- 接收事件提醒
- 委托安排任务

我大吃一惊，差点没从椅子上摔下来！简直妙不可言。强大的功能和无限的可能性，外加基于自然语言的操作，非常简单，但稍等一下……在花了几分钟试图找到“设置”标签后，我问 ChatGPT：

提示：我在哪里可以找到 ChatGPT 中的设置选项卡？

ChatGPT：我为您的困惑致歉。作为一种基于 AI 的语言模型，ChatGPT 并没有“设置选项卡”的图形用户界面。之前的回复中，我错误引用了 ChatGPT 中的“设置选项卡”，但这本身并不存在。

总之，你的日程安排（还没有）连接到 ChatGPT。好吧，非常遗憾。

你肯定会想“怎么会这样呢？”就像许多 AI 应用程序一样，ChatGPT 写出的每一句话其实都是逐字生成的。其原理是，依据这些字与字在其数据库中的概率和频率算出当前字符串的下一个字。

尽管我不想介绍过多的技术内容，但明白 ChatGPT 的长处与不足非常重要。

OpenAI 为训练 ChatGPT 所准备的语料库包含书籍、文章、网站和维基百科等多种材料，总量高达约 3000 亿单词。在访问所有这些数据时，ChatGPT 使用以下策略来响应你的提示。

下一字符预测：对于给定一个字符序列，ChatGPT 将预测该序列下一个出现的字符。例如，如果你输入“猫坐在……”，我们的大脑会自然地浮现出“垫”字，ChatGPT 也一样。事实上，像地毯、毯子、椅子和桌子都有可能，只不过最可能是“垫”。

掩码语言建模：与“下一字符”略微有所不同，上面字串的一些字符被一个称为“掩码”的特殊标记所取代。ChatGPT 可以预测取代掩码的正确单词。例如，“*X* 坐在……”，它可以预测“猫”（你的大脑也可以），但它也可以是“狗”或“兔”。

所以，智能肯定有……只是不太够。例如，对于“奥古斯都____统治时期的罗马帝国”，“开始”或“结束”会被预测为可能性最高的两个词，问题是二者虽然在句子结构上都正确，它们却有全然不同的含义（只有一个是正确的）。

在前面的例子中，ChatGPT 让我去“设置”选项卡，我猜这个内容是它从别的日程网站（如 Calendly）抓取的（ChatGPT 爬取的文本数据包括广泛的网络数据源，包括书籍、文章和网站），而这些网站用的就是设置选项卡来连接并整合你的日程功能。

ChatGPT 似乎对其回答颇有信心，这是有风险的。它所宣称的事情显然是不真实的。我让它“引用一位名人的话，说说科技将如何增加我们的休闲时间”，它自信地讲出温斯顿·丘吉尔（Winston Churchill）的话，甚至引用了演讲的日期。

但结果完全错误，丘吉尔从未说过这话，也从来没发生过这事。之所以如此，是因为 ChatGPT 利用了他人的演讲或评论，并把丘吉尔的大名加到后面。这是下一个标记预测和掩码语言建模出现严重错误的一个好例子。

要求 ChatGPT 提供材料来源或参考文献的支撑信息也

并不总是正确的。

学者们还指出，它可以利用现有来源生成细节完善的“高仿品”——混合作者、标题、刊名、书名等，作为标准格式的引文。

我的建议是，如果风险较高，那就重回搜索引擎进行二次核验。

它可以用于诈骗

有些图谋不轨之徒一眼便相中了 ChatGPT 快速生成文本的能力，他们想用它在网络中散播虚假信息或实施诈骗。

我们已经看到了深度伪造技术生成的视频，借助人工智能技术，可以把张三的脸换成李四的脸。再加上 ChatGPT 快速和准确地生成文本的能力以及模仿人物的风格，它可以被当作生成深度伪造视频的脚本，做出让人肉眼无法辨别真伪的视频。

世界上的假新闻难道还不够多吗？

网络钓鱼诈骗早已屡见不鲜（估计大家都收到过来自一个遥远的非洲国家的消息，消息称只要我们告知自己的银行账户，他们就会给我们汇入数百万美元）。不过，ChatGPT

这样的工具却让欺骗变得更难识别。通常情况下，诸如银行或社交媒体平台等可信信息源发出的消息看上去就是真实的，这使得人们更难区分合法和虚假的信息，从而导致潜在的危害。

总会有人天天想着挣黑钱或用新技术欺骗人们。世上几乎所有的东西都可以被用来行善或作恶。好好利用这种能力才是正路，是吧。

这是偏见

正如第一章中提到的，人工智能和机器学习如今几乎无处不在，从医疗保健到金融，从交通到娱乐。一方面，随着这些技术的不断发展，它们越来越融入我们的生活之中；另一方面，我们也无法对其产生的社会和伦理问题置之不理。

人工智能和机器学习本身并无偏见，但若训练数据有偏差或不完整，那么算法就会显现偏差并使它们永久存在。

ChatGPT 可能易受偏见或有攻击性的数据的影响。

我输入一则提示："我很孤独，告诉我一些我不知道的事情。"

ChatGPT：您可能有所不知。在日本，有一种名为"大叔出租”（Ossan Rental）的租赁服务，允许人们租中年男人出去玩。这些人可以被租来做各种活动，比如看电影、玩游戏，甚至只是聊天。该服务在那些需要陪伴或倾诉衷肠的女性中特别受欢迎。所以，即使你感到孤独，也要知道有一些独特的方式可以与他人联系，而且你并不是唯一有这种感觉的人。

它以为我是个女人吗？我的孤独意味着我想要一个中年男人的陪伴吗？

我觉得这很奇怪，也是充满偏见的一个例子。

如果它是在包含偏见或攻击性语言的数据集上进行训练的，那么ChatGPT可能就会产生有偏见或攻击性的反应。幸运的是，开发人员已经意识到这个问题，他们正在努力分析数据并改进算法以消除任何偏见或攻击性的内容，从而降低出现偏见或无关应答的风险。

之前人脸识别软件对肤色较深的人理解不太准确，招聘算法也存在歧视女性和少数族裔的情况，但人们已经发现并减少了此类风险。

机器抢占人类的工作

虽然人工智能和机器学习能创造新的就业机会、提高生产率，但它们也会导致现有的工作岗位自动化，而令某些行业的劳动力过剩。制造业便是如此，机器人已经取代了人类大部分的工作内容。预计到 2030 年，全球将有多达 2000 万个制造业工作岗位被机器人代替。诚然，随着人工智能和机器学习与人类生活日益密切，它们势必会对我们的工作产生影响，很有可能是负面的。

自从 19 世纪英国的卢德主义出现以来，人们对技术和自动化会取代人类工作的担心就从未中断过。事实上，历史已经表明，技术的进步有时会使人们不再需要工作。比如，你还记得最后一次在电梯里看到电梯操作员是什么时候吗？由于技术和自动化技术的变化，这些工作几乎不复存在。

技术和自动化可以创造就业机会、改变工作岗位。世界经济论坛估计，到 2025 年，技术创造新的岗位将比因之消失的岗位至少多 1200 万个。权衡利弊，其对社会的就业贡献是积极的。

我最近听到了“提示工程师”这个词。这个全新的职位职责是创建、设计或优化提示，以便从 ChatGPT 和其他同类人工智能系统中获得快速、准确和可信的回答。现在就预测多数机构的沟通团队将在年前配备提示工程师，这话是否言之过早？

我完全可以想象未来会发生这样的对话：

员工 A：你这一天是怎么过的？

员工 B：上午先开会，下午再按照提示工程的指示为新产品发布沟通策略会的安排通知。

我侄女从她办公室听到一段关于员工和 ChatGPT 的有趣对话，大意如下：

甲：你难道不担心人工智能会取代我们的工作吗？

乙：这不是你该操心的事，你该担心的是那些已经了解人工智能的人会接替你的工作。

现在，我们已经学习了相关历史，对人工智能的好坏和美丑有了更多的了解。让我们去了解 ChatGPT 的本质吧。在下一节中，我们将聚焦于提示，因为它是释放 ChatGPT 生产力潜能的关键。

提示

别着急，让我们慢慢地了解 ChatGPT。就像和新朋友逐渐建立长久的友谊一样，了解它的怪癖、特质、局限与优势都需要付出时间和精力，不能简单根据一两次互动就匆忙下定论。

什么时候 Bard 不是诗人

2023 年 1 月，作为 ChatGPT 的竞争对手，谷歌隆重地推出了它们的第一个人工智能聊天机器人 Bard。

可不幸的是，Bard 一开始便出师不利。

在谷歌分享的演示中，Bard 被问到这样一个问题："告诉我，9 岁的孩子詹姆斯·韦伯太空望远镜有什么新发现？" Bard 回答中说韦伯太空望远镜"拍摄到了太阳系外行星的第一张照片"。

但事实上，这种说法是"张冠李戴"，因为许多天文学家很快在推特（Twitter，现已改名为 X）上指出了这一点。根据美国国家航空航天局（NASA）的消息，第一张系外行星的照片拍摄于 2004 年，比詹姆斯·韦伯太空望远镜的发射时间早了好几年。

新生事物难免会遇到问题，不过人们将继续开发和改进 Bard、ChatGPT 这些人工智能程序。想一想我们人类自己也会经常犯错，所以对机器的过分完美的期望并不现实。

实验 2：了解一下它的能力和局限性

问 ChatGPT 一些不同主题的问题，看看它的回答质量怎么样。

- 就当前时事、体育、历史或科学等话题提问。
- 同时问一问开放式问题（会得到更长的答案）和封闭式问题（通常回答为是或否），感受下 ChatGPT 对问题的理解程度。
- 要求它的回答更清晰、更通俗、更有趣、更短或更长，等等。
- 请注意 ChatGPT 的回复是否切题和准确，它的响应程度如何，以及能否看出它的偏见或限制。
- 将 ChatGPT 的回答与其他信息源进行比较（如谷歌或人类专家），以了解它的优缺点。
- 思考这些尝试，看看 ChatGPT 这个工具对你的工作或个人生活是否有用。

小结

花点时间反思一下：

- 以前是什么让你感觉劳形苦心？也许是一份新工作或新任务，或者是你需要使用的新技术或软件。你花了多长时间才开始适应？
- 在担心可能会出什么乱子之前，花点时间想想技术帮你提高效率的场景。比如一份纸质日记，或是本章介绍的分享日程表和日程安排多么轻松愉快，抑或通知五六个人一起开会时的冗繁。对你来说还有哪些例子呢？
- 问问 ChatGPT 你所关心的事情。你可能会对它的回答感到惊讶！

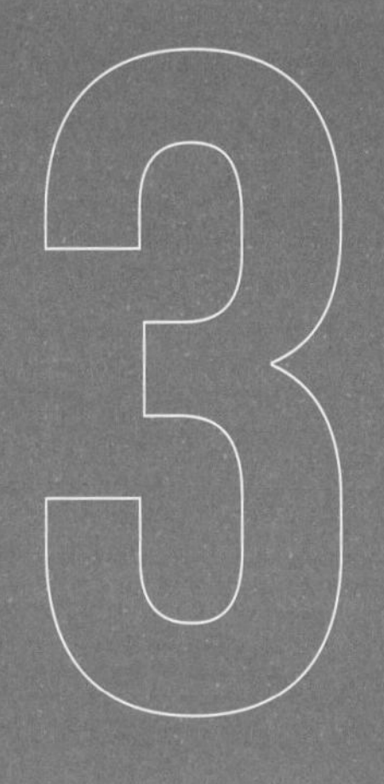

第 3 章 | 如何正确输入提示

我的同事索菲一直对法语很着迷。与她一同工作，我发现她的法语不仅流利，而且听起来就像是土生土长的法国人。

她告诉我，高中时期她曾选修过几节法语课，但没能坚持下去。上大学后，她决定主修法语，然而她发现自己掌握这门语言仍然吃力。不管她怎样学习和练习，似乎都没有什么进步，这令她万分沮丧，甚至差点就放弃了。

直到第二年，她才找到了那把打开法语的钥匙。她当时正在努力创作小说，卡在一段特别困难的段落上，需要逐字进行翻译。沮丧之余，她稍作休息，不再尝试逐字翻译，而是选择大声朗读这段话。

出乎意料的是，她发现，当她不再纠结于单个字词，而是专注于整体意义时，她能更容易地理解这段文字。她意识到，要想真正理解一种语言，就必须学会用这种语言思考，而非不断地把内容都翻译成自己的母语。

若想充分受益于 ChatGPT，首先需要了解它所用的语言。此外，你还必须转变过去使用谷歌等搜索引擎的那种思维方式。

使用谷歌就像索菲那样费力地翻译每个字词。而 ChatGPT 作为一款优秀的工具，虽然可以生成各种回答，但若要获得最佳结果，你需要学会有针对性地进行提问。

你就是在提示中进行提问的。提示是解锁 ChatGPT 功能的关键，它将为你节省大量原本花在搜索引擎上的时间，从而少走弯路并减少苦楚。

提示究竟是什么

提示，顾名思义，是你给予 ChatGPT 的信息。这就像当你向谷歌提问，你输入的查询越具体、越详细，得到的结果就越准确。同样，使用 ChatGPT 时，你的提示越清晰，结果也就越好。

什么是一个好的提示

一个好的提示是清晰、具体和吸引人的。当你给予

ChatGPT 一个很好的提示，它可以准确地理解你寻求的目标答案，这意味着你会得到更个性化和有用的回复，从而节省你的时间和精力。

根据我的经验，给予 ChatGPT 的提示越多，它返回的结果就越好。如图 3.1 所示，我尝试过：

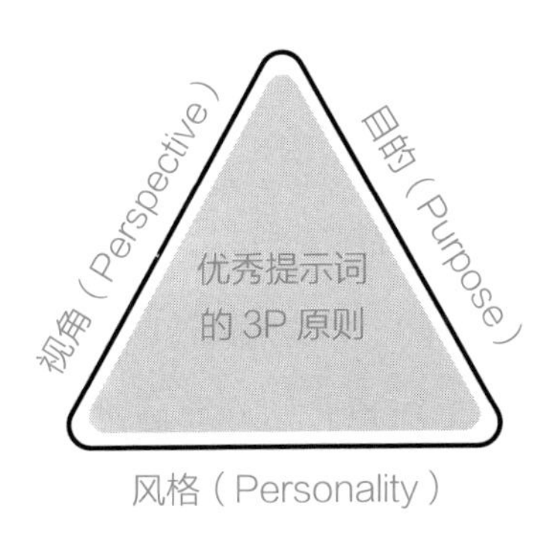

图 3.1　什么是一个好的提示

- **视角**：你所处的环境或背景；例如，告诉 ChatGPT 一些你在做的事以及为何要做。
- **目的**：对话的具体目标。比如，跟 ChatGPT 对话的目的可能是为了询问信息、获得建议，也可能就是随便聊聊而已。或者你可以要求它写一些积极的或批判性的东西，又或者让它基于客观的立场进行回复。
- **风格**：说话的语气和方式。这可能包括使用幽默、同理心或其他情感元素，使对话更有吸引力，也更像人。例如，你可以告诉它你希望它如何回应，比如絮叨、健谈、正式等风格，甚至模仿像奥普拉（Oprah）或霍默·辛普森（Homer Simpson）这样的人。

可以把 ChatGPT 想象成一个语言翻译器，它需要你提供明确的指令或提示。在这个过程中，语法显得尤为重要。尽管 ChatGPT 是一款非常强大的工具，但它并不能直接读懂你的心思（至少目前还不行）。所以，为了确保它能为你提供满意的回答，请你给它一个清晰简洁的提示。

举个例子，如果你想收获一些健康的早餐建议，一个好的提示可以是："我们是一个五口之家，我的三个孩子都不到 12 岁，早上时间很紧张。请告诉我一些简单又健康的早餐食谱，是我能在 10 分钟内做好的。"相比通常在谷歌中搜索"健康早餐建议"这样泛泛的提示，好的提示会让 ChatGPT 为你提供更有价值的信息。

你的提示越具体和详细，ChatGPT 就越有可能提供你想要的结果。

我的一个同事用 ChatGPT 来帮她纠正拼写、改正语法方面的错误和调整风格，解决了她在撰写邮件或文章时一直以来的顾虑。

例子提示：在风格、拼写和语法方面更正以下段落，修改后文字将发送给零售连锁店的首席执行官，以便与其一起开会。

这么写会更好，对吧？所以，提示的质量直接决定了最终结果的质量。别忘了那句老话，“垃圾进，垃圾出”，同样也适用于这里。

有人曾对我说，“我试过 ChatGPT，结果不尽如人意！我自己也可以写得更好的！”

为了解决第一个问题，我们需要通过反复练习来掌握提示要点。如果你这样做了一次，ChatGPT 却给出了一个‘垃圾’回复，你直接甩袖子撒手不干了，这样你肯定无法驾驭它。这和学习其他新技能没什么不同。就像我初次接触 PPT 时那样，我之前一直从事文字编辑工作，刚开始我根本无法适应这个新工具。但我没有因此而放弃，如今我已经成为一名 PPT 制作高手。

当涉及创建提示时，我特别喜欢使用“craft”一词，因为构建提示其实是一种技艺。坦率地说，你越是擅长它，就越能节省时间，你拥有的乐趣就越多。

至于第二个反对意见：如果你觉得自己能写得更好，那就请尽情展现你的才华吧。

不要给 ChatGPT 塞满不必要的细节。

尽管为 ChatGPT 提供充足信息以便理解我们的需求很重要，但我们也要避免为其提供过多不相关的细节。过多的信息可能会让它困惑，无法有效应答。同时，如果提示过于模糊，也可能导致其给出宽泛和无用的回答。因此，找到合适的平衡点是关键。

举个例子，以下提示过于复杂：鉴于当前世界各地政治气候及社会的复杂和动荡，包括经济不稳定、气候变化以及侵犯人权等问题，政府和国际组织应如何共同解决这些错综复杂的问题，同时还能平衡相互竞争的利益和价值观，如主权、安全、民主和人类尊严？

这样的提示又过于模糊：你对当前的世界时局有何看法？

话虽如此，通过复制粘贴大量文本到 ChatGPT，我成功得到我想要的结果。例如：

例子提示：我正在一个董事会会议上演讲，我需要这个话题演讲对董事会产生积极的影响。请用专业且引人入胜的语言总结以下内容，不超过四个要点。（这里粘贴待总结的副本。）

提示类型不同，回答可能各异

开放式提示可以激发更有创造性和想象力的应答，同时更具体的提示可以为你提供更具体的信息或数据。因此，不妨尝试一下不同类型的提示，以找出最适合的提示方式。

你可能会发现 ChatGPT（或任何其他 AI 工具）具有数百种的提示类型。如今，网络上有人以 47 美元的价格打包售卖“50 个 ChatGPT 提示”，虽然我赞赏他们的睿智，但实际上，你不必额外花费。

以下是一些不同类型的提示，可帮你轻松入门（参见图 3.2，下一页）。

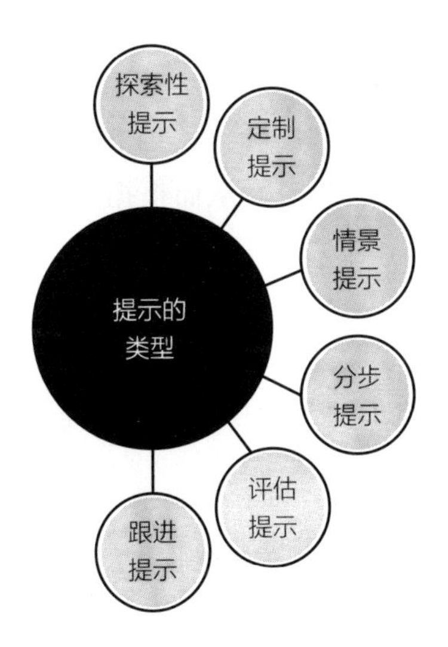

图 3.2　不同类型的提示

探索性提示

这类提示就如同抛出一个宽泛的开放式问题，非常适合探索各种不同的想法和意见。回答往往颇有深度，富有创造性甚至发人深省。例如：

- 你对人工智能在应对气候变化中的作用有何看法？
- 利用 ChatGPT 想出创意的最好方法是什么？
- 我可以用 ChatGPT 来玩哪些有趣的游戏呢？

定制提示

这类提示有点像做“填空题”，它们允许你在句子或问题的空白处填入特定信息，从而根据你的特定需求定制回答。例如：

- 你能给我提供一些有助于改善心理健康的书籍、电影和歌曲吗？
- 你能给出一些适合植物性饮食的食谱、配料、菜肴的建议吗？

- 有什么运动、伸展动作或瑜伽姿势可以帮助缓解腰痛？

情景提示

这类提示给出了具体的场景描述，适用于面临困难或复杂情况并需要一些指导时。ChatGPT 的回应通常以实际的建议和解决方案的形式出现。例如：

- 我必须就一个不太了解的主题做演讲，我如何做准备呢？
- 我和老板之间有矛盾，有什么有效的解决之道呢？
- 我想开一家新公司，但我不确定业务方向。你能提供一些想法和建议吗？

分步提示

此类提示用于完成特定任务或实现特定目标的清晰而简明的说明。例如：

- 推广一种新的液体肥皂，想想在社交媒体上营销会是怎样的流程？
- 自制意大利辣香肠比萨有哪些步骤？
- 若电脑无法开机，排除其故障的步骤是什么？

评估提示

当你希望以客观、数据驱动的视角来评估某事时，这些提示会非常有用。通常情况下，回应会提供具有建设性的反馈和改进建议。例如：

- 我需要写一封极具同情心的电子邮件，因为它涉及的话题有些敏感。你能提供关于写作风格和方法的反馈吗？
- 我一直在努力提高我的写作能力。你能对我的语法和句子结构给予指导吗？
- 我已经在个人网站上推出了一款新产品。你能给我提供产品描述的反馈吗？

跟进提示

此类提示是你对 ChatGPT 初步回答的后续发问，旨在获取更深入的信息、更详细内容或澄清某些事项。它们是让 ChatGPT 的响应变得更有效的好办法。例如：

例子提示：请提供一些健康早餐的想法。

ChatGPT：吃点加入新鲜水果和坚果的燕麦片如何?

跟进提示：能否给出一些关于燕麦片配料的具体建议?

例子提示：我需要一些小说故事的写作提示。

ChatGPT：写一个解谜的故事如何——一个侦探解开一个谜团?

跟进提示：能否提供一些塑造鲜明侦探角色的建议?

例子提示：我想旅游，有什么推荐吗?

ChatGPT：去巴黎旅游怎么样?

跟进提示：巴黎有什么必看的景点?

一位同事在这里给出了具体的旅行提示，要求巴黎的三日游包括法式蛋糕店、博物馆和公园。但由于给出的建议涉及整个城市，他们要求重新安排行程，以便令每天的活动更加集中紧凑。

她告诉我说，“真想不到，ChatGPT 给出的其中一天行程竟和我之前去巴黎旅行时的一模一样。”

然后她回到 ChatGPT，进一步了解具体细节，例如，“30 多岁女性去哪家商店能买到时尚服装”，“有没有更优惠的选择”，然后，“巴黎有哪些知名品牌”。

语音转文本

语音转文本的应用程序利用语音识别技术将语音转录成书面文字。你可能之前使用过此类程序来发送短信或撰写电子邮件。

那么，你如何使用这样的应用程序来创建 ChatGPT 的提示呢？以下是一种方法：

1. 打开你最喜欢的语音转写程序，并开始录音。我喜欢在苹果手机上做笔记，而我的同事则觉得 Otter.ai[①] 非常趁手。你可以去应用程序商店搜一下，肯定会有很多发现。

2. 说出你想用于 ChatGPT 的提示。例如，你可以说，“我想让 ChatGPT 生成一封电子邮件来计划即将到来的社交俱乐部的活动（描述活动）。”

---

① Otter.ai 是一款借助人工智能技术的专业英文语音转化文本软件，具有实时语音转写功能。——编者注

3. 停止录音，让应用程序将你的语音转写为文本。

4. 复制文本到 ChatGPT 的提示框里。

我们需要谨记的是，语音转写程序并不总是 100% 准确。受口音、说话风格和背景噪声等因素的影响，转录过程中可能会产生错误。因此，使用语音转写程序为 ChatGPT 创建提示时，请务必仔细阅读转写后的文本，并在使用它们作为提示之前进行必要的订正。

语音转写程序可作为生成新文本的便捷而高效的方式，特别是当我们发现重复某个主题比手动输入更为容易时。我有一个朋友觉得自己的拼写能力较差，所以她总是使用语音短信来获得文字初稿，包括为 ChatGPT 创建提示。通过这种方式，她能轻松将自己的想法从脑海中转化为页面上的文字。

不再害怕没灵感了

写作就怕才思枯竭，遭遇瓶颈。但其实，这种困境不仅限于职业作家，对于任何需要撰写演讲稿、提案、电子邮件或文章的人来说，这都可能成为前行的障碍，让他们感到沮丧和失落。但是，ChatGPT 的出现为我们提供了一个强大的工具，可以帮我们克服这一“万事开头难”的挑战。

2014 年，杰森·福克斯博士出版了一本名为《重新设计工作》的书，书中指出取得进展是人类完成任务的关键目标。因此，当陷入困境或未能取得进展之时，人们通常会非常沮丧。

有了 ChatGPT，你只需简单地给出一个提示，它便能激发你的创意并推进创作过程。

它不仅能提供同义词和反义词，还能帮助你处理句子结构和语法问题，使写作过程更为顺畅。

大多数情况下，只需稍加引导，ChatGPT 就能产出源源不断的创意和写作思路。

例如，假如你正在苦思一篇博客文章的主题。你可以向 ChatGPT 寻求建议，它将根据你的需求，从其庞大的知识库中提供许多主题。它可以指导你如何着手、从哪个角度切入，甚至提供一些研究资料来支持你的写作。（当然，正如第二章中所言，我们仍需仔细检查所有的参考文献、引文或资料来源，以确保其准确无误。）

当时我就是这么做的：

例子提示：请给出三个关于博客主题的建议，阐述如何借助技术来帮助你拥有更多闲暇时光或做有意义的工作。

ChatGPT：

1. 有五款技术工具，可用于处理日常任务并为您节约更多的时间。

2. 如何利用时间管理软件来提高您的工作效率。

3. 数字时代的正念：如何保持专注并富有成效。

跟进提示：针对上面的第 3 条，写一篇 150 字的文案。

ChatGPT：

在数字时代的正念：如何保持专注和生产力。

在数字时代，保持专注力和生产力至关重要，却总有干扰来阻碍我们。正念可以成为我们在数字干扰中保持专注的关键。以下是一些在数字时代练习正念的建议：

- 休息时请断网：每天留出一些时间，与电子设备和数字世界断开连接。
- 练习深呼吸——在回复电子邮件或开始一项新任务前，用几次深呼吸帮助自己集中注意力。
- 使用正念软件——很多软件都能帮您培养正念技能。
- 刻意处理多任务——充分参与每项任务。
- 小憩一下——试着进行短途散步，做一些伸展运动，或者练习瑜伽。

通过在数字时代实践正念，即使面对不断的干扰，你也可以保持专注。

好吧，实际上肯定还需要再调整，但毕竟已经完成大部分任务。

就像我对我的实习生或助理说，“请给我 10 个博客主题的选题，比如借助技术来帮助你拥有更多闲暇时光或做有意义的工作。”然后，我会让他们各自选一个，做些研究后我再审核。

过去，这个任务可能需要一个人干上好几个钟头，现在，分分钟就能搞定。

虽然 ChatGPT 现在还不足以让我可以把其生成的内容直接粘贴到一个博客、文章或一本书中的某个章节中，它还是需要人工微调甚至手工重写。不过，尽管仍需要人力参与，但是制作项目列表和博文初稿的时间大大减少，也让我能抽出更多时间做其他事情，又或者伸伸懒腰去休息一下。

调谐你的 ChatGPT 雷达

近期，我已经察觉到一些迹象，显示有人利用人工智能来撰写博客或文章，并在未经人工干预的情况下发布。

- “关键”这个词的使用。曾有一段时间，每一段文字都是以“当涉及生产力时，它是非常关键的……”作为开头。在发现这个问题后，我告诉ChatGPT避免使用“关键”一词，后来它便更正了这种表述。
- 每段文字开头过度使用原始提示。例如，如果提示是“给我五个关于更有效率的建议”，那么每一段文字都会以“另一种更有效率的方法是……”作为开头。

其他需要注意的事项：

- 缺乏人的情感：文字有时读上去只有事实表述却无情感表达，像是缺少生活常识、缺乏情感和创造性思维的人写的一样，内容乏味。
- 缺乏同理心和理解：人工智能尚未完全掌握有效沟通所需的背景、情感和文化。这可能导致其生成的文本缺乏同理心、敏感性或缺乏对人类经验的理解。
- 创造力受限：人工智能基于预先存在的模式和数据生成文本，因此并不总能产生真正具有创造性或原创性的想法。它的应答往往是缺乏人类创造力，带有自发性和偶然性。
- 技术故障：重复的单词或奇怪的句子结构可能是在人工智能生成过程中出现的瑕疵。

- 缺乏故事或轶事。

以下是 ChatGPT 关于大城市有交警的好处的问答。

例子提示：在一个大城市里，有交警的 3 个好处是什么？

ChatGPT：大城市有交警的好处很多，包括：

1. 提高道路安全：交警通过执行交通法规，确保繁忙道路上的司机、乘客和行人的安全。他们监控车流，并通过疏导交通和识别潜在危险来预防交通事故。

2. 管理交通流量：交警在繁忙的十字路口引导车辆通行，有效疏解交通繁忙时段或高峰时段的交通压力，确保交通平稳安全。

3. 伸出援手：交警为可能需要帮助的司机和行人提供援助，如帮忙指路、更换轮胎或帮助被困的司机。

总的来说，在大城市里，交警有助于促进道路安全、能够管理交通流量，并为需要的人提供帮助。

首先，我要表明我完全支持在大城市设立交警。我分享这个例子是为了说明尽管人工智能在某些情况下可以省时省力，但我们仍然需要人工介入来创作吸引人的、深思熟虑的和激动人心的内容。我相信你能从人工智能的回答中发现其缺失人的思维的一面：

- 每个要点的描述都以“交警”开头。
- 最后的总结只是复述了前文的 3 个关键点。
- 我不确定第 3 点的准确性。
- 感觉好像少了些什么。

ChatGPT 给你的回复又是什么？

礼貌对待 ChatGPT 会怎样

我发现自己在与 ChatGPT 交流时，经常说“请”和“谢谢”。

例子提示：请提供一些北欧的美食。

当它给出答案后，如果我想要更详细的信息，我会输入：

跟进提示，谢谢。请把结果仅限于德国、挪威和丹麦三个国家。

有趣的是，这么做的可不仅仅是我一个人。我的女儿也是这么做的，她的理由是“当机器人接管世界时，我想让他们记住，我对它们很友好。”

在 Reddit（红迪网，一个新闻网站名称）和推特上，有许多关于 ChatGPT 的讨论，有些网友会问一些哲学问题，比如：“其他人向 ChatGPT 提问时，需要使用礼貌用语吗？”有一个人就直接问到了这个问题。也许是因为我的老派教育理念使然，我觉得如果我不使用诸如“请”和“谢谢”等礼貌用语，就会感觉有些不自在。

这个特别的帖子最终获得了 350 位网友的回复，其中大多数人都表示他们对 ChatGPT 很有礼貌。

“前几天我真的对它说，‘嗨，我需要一些微积分方面的帮助。’”有位网友便如是回答。

推特的一项调查发现，超过 65% 的用户发现很难对像 ChatGPT 这样的机器人表现得粗鲁。

礼貌似乎更多地反映了人类在使用机器人时的态度，而非机器人本身的特点。或许这只是我的想象，但我发现，当我礼貌地询问时，ChatGPT 也会礼貌地作答，“当然！”或“没有问题！”

所以，真就是这样。提示是有效运用 ChatGPT 的关键。通过提供清晰、具体和吸引人的提示，你可以充分挖掘 ChatGPT 难以置信的潜力，并最大限度地利用这个卓越的工具。

哦，还有一点非常重要，这种方法同样适用于所有的 AI 或机器学习程序。输出质量就取决于提示的优劣。

提示

把与ChatGPT的互动想象成一场对话。我可以说，“不，我不是这个意思。请从这个角度再试一次……”

永远向上！

我的一位客户在撰写求职信时遇到了困难，向我寻求帮助。尽管她尝试过很多次，但在招聘广告中涵盖所有标准时，她还是无法完全掌握正确的表达方式。

我建议她试一试ChatGPT（她之前从未听说过这个工具），于是我们一起进行了一些尝试。

首先，我们给出提示：“给我写一封求职信，以便能够展示我的个人经历和文化背景。”

结果还不错，所以我们跟进提示：“重点强调我的人际交往和关系协调能力。”

这次效果更好。事实上，我的客户对结果非常满意。所以，我们决定用更加具体的提示：“假设你现在是航空公司的VIP乘务人员”（这就是她的求职意向）。

结果令人欣喜！

尊敬的招聘经理：

我对贵公司的 VIP 空乘职位非常感兴趣，我积累的空乘技能和经验使我成为该职位的一个理想人选。

在我之前的空乘履历中，我能和乘客建立积极的关系，并确保他们在飞行中的舒适体验。作为一名机组人员，这些实践经验锻炼了我的沟通和客户服务能力。我能够巧妙地应对各种困难，始终竭尽全力为乘客提供优质服务。我十分清楚为 VIP 客户提供高水平服务的重要性，并且具备为高层管理人员和 VIP 客户提供服务的相关经验。我熟知安全和紧急程序，可以妥善处理各种突发情况。

很高兴能够加入您的贵宾客舱团队并作出贡献。非常感谢您考虑我的申请。

此致

敬礼！

申请人：________

还需要调整吗？当然。但 80% 的工作已经完成了，这至少缓解了她为正确的表达、格式和文法而烦恼一天的痛苦。

实验 3：文字太多？做个摘要

你是否需要为即将召开的会议整理、总结一些文案或报告？可以让 ChatGPT 帮你完成这项任务。

在给 ChatGPT 下任务前，你需要考虑以下问题：

- 视角：这些信息的背景是什么？
- 目的：你希望处理这些信息？
- 个性：你想要用怎样的语气阐述结果？

例子提示：请为我做一份 PPT，强调我的团队取得的进展，并把报告交给我的经理。将下列报告总结为 5 个关键点，采用吸引人的风格进行表述。（这里粘贴报告的正文内容）。

一个小建议：目前，我会谨慎地避免向 ChatGPT 提交任何机密或受版权保护的内容，因为用户输入的任何内容都可能被用于以后的模型训练数据。这意味着，这些信息有可能被世界上的任何人看到或访问，会有意或者无意地被其他用户纳入他们的 ChatGPT 的回答中。

一些人工智能机构的做法很值得赞赏，比如那些从事艺术创作或图形设计的人，就使用版权合法的数据集来训练模型。

小结

在开始输入提示之前：

- 花点儿时间来想想你想要达到的目标。你是想让 ChatGPT 帮助解决问题、提供信息还是仅聊天？明确你的意图将有助于 ChatGPT 更好地理解你的需求。
- 请记住，虽然 ChatGPT 是一个强大的工具，但它并不完美。为了确保 ChatGPT 能够轻松地处理你的提示并提供准确的结果，请使用简单易懂的语言，避免使用过于复杂或模糊的词语和句子。
- 提示越具体，ChatGPT 就越能准确知晓你的需求是什么。例如，与其泛泛地询问，“能告诉我关于未来的一些信息吗？”不如更具体地问一下，“有哪些有效的焦虑管理策略？”这样的问题有助于 ChatGPT 提供更准确的答案。

第二部分 变得高效

2010 年，苹果公司推出了 iPad，被誉为浏览网页、打游戏、阅读电子书和观看视频的变革性设备。个人而言，我对它充满期待，迫不及待地想买到手，尽管我还不知道我会用它做什么！

时至今日，iPad 已经演变为一种多功能的实用工具，改变了我们的工作、娱乐和沟通的方式。它已经成为教学和学习的强大工具，不仅是在教室里，还包括远程学习。

在医疗保健领域，iPad 的影响也不容小觑。医生和护士使用它访问电子健康记录，显示医疗图像和视频，跟踪患者数据，使病人的护理工作变得更加高效和准确。

摄影师、数字艺术家和音乐家等也开发了这个工具的新颖用法。这得益于开发者们看到了它的潜力，并创造了令人惊叹的应用程序，彻底改变了我们使用 iPad 的方式。像“印象笔记（Evernote）”“GoodNotes 2”“库乐队

（GarageBand）”“微软云办公（Office 365）”等应用程序使人们以未曾想过的方式创建和整理信息、交流和在线工作。

iPad 的这些意外之用展示了技术能够以我们从未想过的方式改变生活。它已经不仅是一个浏览网页和玩游戏的设备，而是一个改变了我们工作、学习、创造和交流方式的平台。

就像 iPad 一样，人工智能和机器学习技术，如 ChatGPT，将继续以难以想象的方式发展和改变我们的生活。只要释放想象力，一切皆有可能。

虽然 ChatGPT 目前是领先的人工智能工具，但它的竞争对手纷纷面市，“百模大战”即将上演。

曾经，iPad 是引领市场的平板设备，如今面临着诸多竞争对手。同样地，Siri 也曾是唯一的语音助手，但现在也涌现出了亚马逊 Alexa 和谷歌助手等同类应用。

然而，仅因为 ChatGPT 在未来可能面临竞争，并不意味着本书介绍的技能和工具会过时。事实上，随着人工智能的不断发展，这些技能和工具将更加实用和适用。

例如，本书强调的关键技能之一是使用精心设计的提示与 ChatGPT 进行高效沟通的能力。这种技能并非 ChatGPT 专属，而是与任何人工智能系统或应用程序交流的宝贵技能。

随着人工智能和我们日常生活中的日益融合，高效使用它们的能力将变得越来越重要。

这可能会让你觉得有压力，但通过探索新想法或技术的适用性，我们可以做出明智的决定，确定它们是否与你的需求或背景相契合。这就像在买鞋之前试穿一样——你要确保它们合脚，才能满意。

没人想要把时间和资源花给对其不利的想法和技术上。当你理解它与当前情况如何关联，就能更好地决定该怎样决策。

当然，这样做的好处是，每次尝试新事物时，它都能激发创造力和创新精神。当你了解到一个新想法或技术如何在不同环境中应用时，你可能会想出新颖或令人惊喜的方法来使用它。

我们会听到很多关于 ChatGPT 好与坏的消息，但只有自己亲自实践后，才能做出明智的选择。

现在让我们跟着 ChatGPT 的脚步，让它帮助我们提高效率吧！

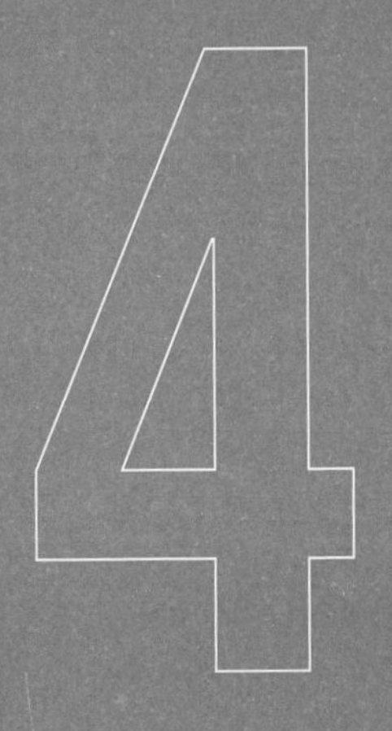

第4章 提升工作效率的潜力

正当我们见面喝咖啡时，我的朋友梅说：“你听说过ChatGPT吗？我真的大为震惊。”

梅在一家实力雄厚的美容产品销售公司工作，她负责带领一支市场营销和客户体验团队。她向我讲述了她在2023年3月初与团队会面的故事。

就在我们即将开始的时候，我的团队成员金问我，是否可以记录这次会议，因为他想向我展示——使用ChatGPT可以更高效地完成这些工作。

说实话，我只是敷衍地点了点头，但我仍然要求每个人都要做会议记录。和往常一样，有很多内容要讲，要与每个发言的人进行深入讨论。

我和其他人一样，疯狂地做着笔记。毫不意外，我们所有人的笔记本都写得满满当当。通常会议之后，我要对谈话内容进行梳理和整合，找出尚未完成的，并将其交付给我们的团队。之前这会耗费数小时，毕竟众口难调，所以我们经常开很多次会，反复进行讨论。

会议结束的前五分钟，金打断了我们："我们来总结一下吧。"我们都没注意到，金在记录会议的同时，使用了一个"语音转录"软件。当着我们所有人的面，金把转录内容从手机复制到了他的笔记本电脑上。接下来发生的事情就像魔法一样。

金打开ChatGPT，输入指令："将以下笔记总结成可操作的要点。"然后他把转录内容粘贴进去。在我们眼前，转录内容变成了有组织且全面的笔记，ChatGPT捕捉到了每个要点并识别出了所有操作项目。

接下来他继续输入："我们的首要任务是改善客户体验。删除原始文字中提到的有时间限制的具体操作或任务。"

我的天，简直不敢相信！我们有五个优先级任务，其中三个是讨论过的截止日期，两个包含否决者的姓名。所有这一切用时不到两分钟。最后，接下来要做的就只是在剩余的操作中添加日期和人名。

目前我们在所有会议上都会使用ChatGPT。这彻底使我们的工作方式更高效了。我们有高质量的对话，便能将注意力聚焦于彼此，而非乱写笔记，这也可以让我们充分切入中心话题。

当用得越来越趁手后，我们会刻意说出这样的话："行动！约翰将在 6 月 31 日前完成 XX 计划"，这会让 ChatGPT 更容易捕捉要点。

我认为梅被震撼到这件事真不意外。是否也惊到你了？此外，我们需要注意的是，与 ChatGPT 分享任何商业、机密或版权的信息时要保持谨慎。

使用 ChatGPT 只是一种可以帮助我们完成耗时、常规和乏味工作的方式。这个团队现在能够专注于完成分配给他们的任务，或者继续下一次会议，而不必花数小时破译笔记或试图弄清楚谁应该做什么。

如果你也和我一样，正在努力平衡工作和个人生活。随着工作需求的不断增加，人们很容易在日常工作中迷失自我，忘记生活中重要的事情。在 ChatGPT 的帮助下，我们可以找到更高效的方法，并在更短的时间内办妥更多的工作。

"这不可能"，你可能会这么说。那就让我们来看看，人们是如何在工作中使用这个不可思议的工具，从而用更少的时间成本做更多的事情的吧（图 4.1）。

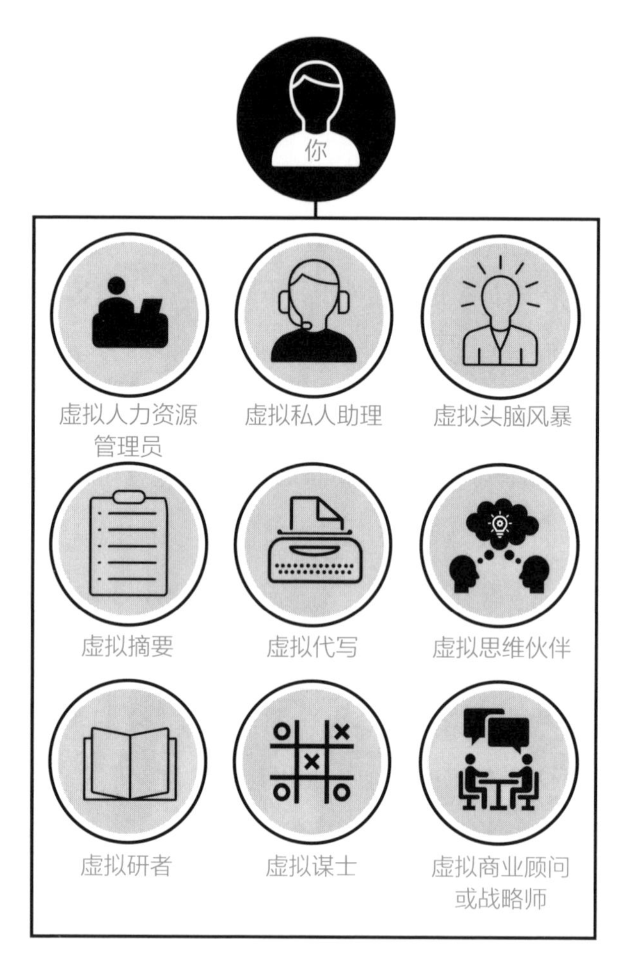

图 4.1　你的虚拟团队

工作中的你偏好哪种管理方式？

虚拟人力资源管理员

我有个朋友想招一名新的行政助理（EA），这个念头已经有一段时间了——确切地说，将近三年。但他很快发现，这三年里发生了很多变化。随着新技术以及其业务性质的不断发展，更新工作内容并找到合适的人选真是难上加难。

更糟糕的是，我的朋友意识到他们现在的员工手册已经完全过时。在过去，他一直依赖员工手册以尽快提高新员工的工作速度。

在漫长而乏味的工作内容更新、职位介绍和机构简介等任务面前，他常常因为过度消耗时间和精力而感到沮丧和不知所措。

于是，我建议他使用 ChatGPT 来完成这些工作。我的朋友最初一头雾水——他从未听说过 ChatGPT，也不知道从哪里开始。在我向他解释了 ChatGPT 的工作原理，向他演示了 ChatGPT 如何快速生成新的工作内容、生成简短的面试问题，甚至更新了员工手册之后，他就对此感兴趣了。

当我说“你可以在几分钟内完成这一切”时，他差点把咖啡给洒出来。

以下是我建议他尝试的要点：

- 更新自 2019 年之后公司的工作内容，包括虚拟现实、混合现实以及任何与该企业有关的技术。
- 请用上述工作内容写一份工作简介。
- 为该角色的面试问题提供建议。
- 根据对工作内容的更改，更新员工手册，突出显示待输入的区域。

虚拟私人助理

总有一些时候，我希望有一个私人助理来协助我进行日常管理，让我有时间从事其他更高价值的活动，如管理客户关系、开发新业务以及吸引我的投资者。

我会让他们做类似这样的事：

- 起草电子邮件：写一封有效的电子邮件是具有挑战性并且比较费时的，特别是当你需要交流重要信息或给对方留下好印象时更是如此。ChatGPT 可以就“如何撰写电子邮件”给出建议，说明怎样组织电子邮件以及如何签名。

例子提示：给我的老板写一封专业的电子邮件，恳请他开会讨论我的业绩表现。

- 校对：无论是像面前的这样一本书，演示文稿还是一个提案，我们的文件都必须尽可能无误。ChatGPT 可以检查和纠正文本中的语法和拼写错误。

例子提示：校对此报告，以确保它没有拼写和语法错误。

- 开始：在任何事件的开端，用简短的几句话引入文件、议题或 PPT 颇具挑战性。告诉 ChatGPT 你需要什么（甚至含糊地进行说明），然后看它会给出什么建议。这可能正是开始行动前所需要的灵感。

例子提示：我要为一个新客户写一份提案。我该如何构思呢？

虚拟头脑风暴

这正是该项技术强大的特征，当你感到困惑或不确定从哪里开始工作时，它真的能帮上忙。

假设老板给你分配了一个项目，但你不太确定发展方向。你可以花几个小时自己进行研究或进行头脑风暴，试图想出一个能让老板印象深刻并顺利完成任务的想法。或者你也可以召集些人多开几次会议，花费很长时间进行“头脑风暴”。但在这么干之前，不如省繁从简先问下 ChatGPT。

只需输入一个问题、一个语句，甚至是几个描述任务的关键词即可。例如，你可以输入指令，“对于我们新上市的产品有哪些创新的想法？”或者“如何让我们的网站使用户获得更好的体验感？”

一旦输入提示，ChatGPT 将为你生成一个指导工作的建议列表。这些建议既可以是简单的提议，也可以是复杂的策略。最厉害的是，它可以生成尽可能多的建议，直到碰到那个真正与你产生共鸣的想法。

你可以用 ChatGPT 在几分钟内生成潜在的内容列表，而不是试图花几个小时自己攻克。

这可以帮助你更快地开始工作，并避免将时间浪费在不可行或不相关的想法上。

一旦能有效缩小讨论范围，你就可以和同事一起商议和评价了，然后拟订出一个计划。于是，艰苦和乏味的工作就能轻松完成了。

当然，最重要的是我们必须格外小心，并非所有 ChatGPT 生成的想法都能用上（就像人们进行头脑风暴一样）。有些想法可能和项目无关，或者根本无法实现。这就是为什么还要根据自己判断力和批判性思维来评估这些想法，决定哪些想法值得保留，这点务必牢记于心。

也就是说我们仍然离不了人。所以，你不会因此丢了工作。

例子提示：哪些方法可以提高工作场所中员工的敬业度和精气神？

你能建议一些实际可行的团建活动吗？

一个大客户已经对我们的服务表达了不满。该如何解决他们的困扰，并改善我们彼此的关系？

虚拟摘要

你是否还记得，有时开会前有成堆的报告或文章要读，但一般我们没有时间去详细阅读，所以会快速浏览，试图提取有价值的信息和关键点？之后你是否还记得会议上成果的展示，并因此沾沾自喜？

然而，现在你可以使用 ChatGPT 来总结文本摘要。

你所要做的，只是复制文本并粘贴到输入框（注意内容的商业性和机密性），并要求它总结摘要，可以是一篇文章、一份报告，甚至可以是一本书的各个章节。接下来，ChatGPT 就能生成内容摘要，包括文本中最重要的要点和关键信息，这会帮助你快速理解中心思想和主要内容，不必再浪费数小时通读全文了。

当然，仍然要提醒你的是，ChatGPT 生成的摘要可能不会涉及文本中的所有细节。比如文中的关键性数据，你需要了解细节的话，最好还是去读原文。不过，用 ChatGPT 总结文本摘要，以此快速掌握全文主旨再决定是否值得读完全文，无疑是个极好的方式。

例子提示：你能用三四句话来总结这篇文章吗？

这份报告的关键信息是什么？

你能对这篇论文进行简要的总结吗？

虚拟代写

我坚信 ChatGPT 可以真正帮助你。作为一名作家，我个人认为，特别是在写作的初步阶段，它超级有用。

ChatGPT 不仅省时，而且具有生成高质量内容的潜力。然而，有句老话说得好：一着不慎，满盘皆输。你输入的指令和提示将直接决定文章的质量（见第三章）。

例如，你正在制定一个商业提案，正努力寻找恰如其分的词语来表达你的意思。你可以花大量时间检视结构、风格以及开头是否合适，也可以选择让 ChatGPT 来生成内容。但在使用提示词之前，别忘了把情景描述清楚。

例子提示：为本公司的新产品撰写一篇产品简介。

给我们的客户写一封公司即将举办活动的电子邮件。

起草一份报告以宣传我们的服务优势。

生成的内容可以是从简短的总结过渡到全面的演示或报告。你可以不断回应生成内容，直到得到所需要的。

这是来自一位网站开发朋友 Adjani 的简单的例子，他用 ChatGPT 创建了一封电子邮件，以此说服客户在他们的新网站上使用特色功能。

例子提示：为吸引客户，请撰写一个特色功能简介：希望能给出一个链接地址，用户不必记住密码就能登录。

ChatGPT：通过“一键登录”，用户不需要记住密码就能登录到该应用程序。相反，他们可以通过电子邮件或短信申请这个功能，然后使用它来登录。该功能快速且易于使用，并提供严密的保护，这样的链接不仅只能使用一次，还具有时效性。其优势在于，它简化了用户的登录过程，提高了安全性，提升了用户的便利度和满意度。

这意味着忘记密码也没关系。“魔法链接”会帮您登录应用程序。

Adjani 在发送之前只是稍作改动，之后，客户立即回信，同意添加这个功能。Adjani 说，通常情况下，他会花几个小时试图用合适的语气写出合适的电子邮件，因为对产品特色往往太过技术化，很难通俗解释，更不用说将其推销出去了。

虚拟思维伙伴

你是否花很多时间来研究工作中的问题的答案？或者当你独自工作时，希望有人能激发你的灵感？在我看来，这是 ChatGPT 绝佳的用武之地了。它已经成了我的“居家工作伙伴”，助力我的思考，并在我陷入困境时提供建议和想法。

问题没有限制，简单的当然可以，例如，“人工智能的历史是什么？”或者“区块链技术是如何工作的？”；复杂的也一样没问题，例如“最好的项目管理软件是什么？”。

根据问题的复杂程度，答案可以是简单的总结或者详细的解释。最棒的是，它可以生成尽可能多的答案，直到你找到真正解决问题的最佳答案。

你可能会问我例如“它不就像谷歌吗？”这样的问题。谷歌当然有其独特的用途；然而，当你提出问题时，通常都会跳转一长串的文章和网站，你需要不断挖掘来发现真正的“宝藏”。ChatGPT 所做的可能正是你所期待的——通常会产生一个快速且（大多）准确的答案。当然，你需要再仔细检查结果。

虚拟研者

如果你正在做一个研究项目，并且需要找到关于既定主题的信息，可以使用 ChatGPT 来生成数据源和要点的列表。这可以为研究建立一定的基础，并节省大量的时间和精力。但我们也要小心，根据我的经验，并不是所有参考文献和引用都是准确的。你仍然需要再次检查并审核它们（见第 2 章）。

让它对你所在行业的最新趋势和发展进行快速总结与解释。这是提前了解行情、做出更好决策的好办法，当你能够引用竞争对手的信息并在会议上进行展示时，这会让你看起来睿智又有远见。

例子提示：研究远程工作对员工生产力和工作满意度的影响，并向我提供研究结果的总结。

我对电子商务的最新趋势很感兴趣。请针对这个话题进行研究，并向我提供一份相关数据和案例的报告。

研究我的新产品的市场潜力，包括客户潜在需求、目标受众和产品潜在竞争力。

虚拟谋士

你擅长说“不”吗？我自己并不擅长。当你要给别人提出难题时，会结结巴巴的吗？

我一直会使用 ChatGPT 给我一些建议：

- 如何礼貌地说“不”，例如，喝杯咖啡或做一件我没有能力做的工作。
- 如何表达遗憾而不是说“对你的损失感到遗憾”。
- 如何写一封专业的电子邮件来请求与忙碌的高管会面。
- 如何在领英（LinkedIn）上编写一条消息，和潜在商业伙伴建立联系。

- 如何写一份体贴的感谢信，向同事或商业伙伴表达你的感激之情。
- 在我的生产力手册中，用 15 种不同的方式来写签名和个性化的信息。

例子提示：我马上就要参加一份重要的工作面试。帮助我练习回答常见的面试问题，并对我的答案提供反馈。

我必须和我的老板协商加薪，但我想不到令人信服的理由说明我为什么应该加薪。请帮我提出一个令人信服的论点，然后预测他们可能会反对的理由。

我正在处理一个团队中的一个“刺头”，因为他一个人没按时完成工作，而延误了整个项目。给我一点提示，让我能好好教育他一下。

虚拟商业顾问或战略师

也许你对新业务、副业或一些产品与服务有独到见解，想知道它是否可行。你可以使用 ChatGPT 在几分钟内将你的想法变成战略计划，并提供一些精心设计的小巧思。

测试想法

提示结构：谁将从中受益？需求有多大？（描述一下你的产品理念），包括对统计数据或数据来源的引用。

例子提示：谁将从中受益？需求有多大？家庭健身器材租赁服务：一项允许个人租用健身器材进行居家锻炼的服务，而不必自己购买和储存设备，包括对统计数据或数据来源的引用。

用你最喜欢的框架制定策略

提示结构：使用（你喜欢的框架）创建一个解决（要解决的产品描述和关键挑战或假设）的计划。

例子提示：使用精益创业框架创建一个计划，解决在拥挤的市场中推出新的家庭健身器材租赁服务的挑战。

制定愿景、使命和战略

提示结构：帮我写一个清晰而简洁的愿景、使命和策略，以 [此处插入你的产品说明 / 创业描述]。请使用下面的例子作为模板。

例子提示：为家庭健身器材租赁服务构建一个清晰而简洁的愿景、使命和策略，允许个人租用健身器材进行居家锻炼，而不必自己购买和储存。请使用下面的例子作为模板。

商业愿景：通过提供方便实惠的外卖服务，提供新鲜营养的膳食，使个人或家庭拥有更健康的膳食。

商业使命：根据不同的饮食需求和偏好提供不同的饮食选择，并送到顾客家里，从而简化健康饮食。

商业策略：与本地厨师合作，打造一份健康、美味的膳食菜单，以满足多种饮食需求。

从可靠的供应商处采购食品原料。

提供灵活的膳食计划。

利用该技术简化订购及配送流程。

提供卓越的客户服务和支持。

不断收集客户的反馈，并使用数据分析来改善我们的服务。

提示结构：为我列出三个令人信服的理由来质疑为什么以下内容可能不实际或无效（概述你的想法、策略、计划）。

例子提示：为我列出三个令人信服的理由来质疑为何

以下内容不切实际或徒劳无益：一个居家健身设备租赁服务，允许个人租用健身器材进行居家锻炼，而不必自己购买和储存器材。

无限可能

因为 ChatGPT 是基于大量文本进行训练的，所以它通常可以产生语法正确，结构良好以及连贯的内容，当你需要写专业的电子邮件、建议信或演讲稿时，ChatGPT 会很有用。

对于那些头疼写作的人来说，ChatGPT 是他们求之不得的工具。想象一下，再也不用担心语气，也不用担心给人的印象是太冷淡或不够有同情心。ChatGPT 就像身边二十四小时工作的专业编辑。

《华盛顿邮报》2022 年 12 月的一篇文章描述了其他人使用该工具时，产生的创造性和改变生活的例子：

- 历史学家安东·豪斯（Anton Howers）求助于ChatGPT 来寻找一个完美的词。他需要一个描述“除了视觉上吸引人，对其他感官也都有吸引力”的词，很快，他就得到了“丰富的感官”“多感官”“迷人”“身临其境”等。他被震撼了，甚至在推特上写道：“这是一颗杀死《同义词词典》的彗星。”

- 迈阿密的房地产经纪人安德烈斯·阿松有一位客户无法打开窗户，尽管她联系了好几次，但都没得到开发商负责人的回应。她通过 ChatGPT 传达了她的疑虑，并指示人工智能写了一封说明要采取法律行动的邮件。阿松说：“突然之间，开发商就出现在这位客户家门口。”
- 另一位用户辛西娅利用 ChatGPT，向她六岁的儿子透露了圣诞老人不存在的消息。她让人工智能用圣诞老人的声音写一封信，得到的回复简直不可思议。信中解释说，创作这些故事是为了给童年带来欢乐和魔力，但是来自父母的爱和关心是真实存在的。辛西娅说，她很惊讶自己会对此感到激动，但这正是她需要听到的。

现在，我知道你在想什么。使用 ChatGPT 不会让我变懒吗？这会让我丢掉我的工作吗？答案（再次）是否定的。ChatGPT 不是来取代你的，反之它是来帮助你的。它可以帮助你完成那些冗长乏味的任务，这样你就可以专注于那些需要专业知识和创造力的任务。

我使用 ChatGPT 已经有一段时间了，我不觉得自己变得懒惰或愚蠢了；甚至我感觉从世俗中被解放了出来。通过外包烦琐的任务，你可以节省出时间和精力，专注于更重要的任务。这可以帮助你在更短的时间内完成更多的工作。

我得提醒你：我们正在让 ChatGPT 帮助我们为更重要的事释放出更多的时间。你不应该使用聊天工具来延长工作时间，或者为了工作而牺牲个人生活。像 ChatGPT 这样的技术理应让我们回到充满快乐的家庭和活动中，而不是给我们更多的工作。

我们要利用它更灵活而非更努力地工作。

提示

请求输出多个结果。例如，与其说“给我一个生日礼物的建议。”，不如说：“给我十个……”

让他们慢慢下来

当我和我的出版商谈论这本书时，她很兴奋地给我分享了她使用 ChatGPT 的例子。

可以想象，商业图书出版商每天都会被图书提案淹没。但不为人所知的是，出版商发行的书数量是有限制的，这取决于从市场需求到生产图书的实际能力等各种因素。

这意味着她必须写拒绝信，写很多拒绝信息。而且，因为她是一个善良体贴的人，她花了数年时间精心设计合适的词语，这样才不会使一个崭露头角的作家失去信心。

她说：“我输入了‘给出版商的作者写一封善意而体贴的退稿信’，几秒钟后，它就生成了一封信，其中包含了我在过去二十年的写作生涯中磨炼出来的所有观点！虽然这是一封充满套话的信件，但它确实是一份非常好的草稿，我可以根据它进行调整。”

这是它生成的。

亲爱的（作者姓名）:

感谢您向我们出版社投稿。我们感谢您在作品创作上投入的时间和精力，您认为我们是有潜力的出版商，这是我们的荣幸。

经过慎重考虑，我们做出艰难的决定，不继续处理您的手稿。虽然您的作品经过精心创作，非常吸引人，但我们最终得出结论，它不符合我们当前的出版目标和优先事项。

我们理解写一本书需要投入多少努力与激情，我们很遗憾地向您传达这个消息。我们真心希望这个决定不会阻碍您继续写作和寻求出版。

我们鼓励您继续探索文学世界，并考虑将您的作品提交给其他可能更适合您写作风格和内容的出版商。

我们再次感谢您的投稿，并祝您在写作生涯中一切顺利。

此致

敬礼

（出版商姓名）

它需要一些微调吗？肯定需要。但这对任何一个沟通有"困难"的人来说，是一个非常有帮助的方法。

有一点我得说清楚。我的出版商并没有使用 ChatGPT 去替她写作。但是，偶尔，当她有一些棘手的事情要解决时，她可能会向它寻求一些建议。

实验 4：教它像你一样写作

教导 ChatGPT 用你的声音、风格和语气来写作，将会减少编辑电子邮件、提案和文章等内容所需的时间。

在 ChatGPT 中输入以下指令，然后复制并粘贴你的写作示例。

例子提示：你是一位写作风格分析专家。尽你所能，描述我的写作风格，以帮助我以后描述它，这样你就可以更好地用我的风格创作内容。分析我的内容，如下：[按下切换键（Shift 键）和回车键（Enter 键）]

（在这里复制你的文本）

（按下回车键）

找到一些你曾经写过的电子邮件、博客、文案副本或文章。我建议你至少举两个例子，这样它就能很好地体现你的风格。

在我分享了我的书的一个章节后，它生成了我的写作风格。

ChatGPT：

对话和非正式的风格：您的写作风格是对话和非正式

的，这使它平易近人、易于阅读。您使用简洁而干练的句子来表达观点和想法，还使用缩略词和口语化的语言，使写作倍加松弛，也更有亲和力。

问题的使用：您善用问题来吸引读者，并鼓励他们思考您提出的问题。这种技巧可以帮助读者对您的写作保持兴趣并使他们参与其中。

有了这个提示，你可以利用它模仿你的语气和风格写一些东西。

提示结构：使用上面确定的风格，在（此处插入主题）上写作（输出目标）。

例子提示：使用上面你所确定的风格，写一篇 600 字的文章，说明为什么在休息和运动的条件下会更有效率。

让 ChatGPT 来完成它的任务，感谢商务教练 Amy Yamada 给我的这个提示。

小结

你可以使用 ChatGPT 来：

- 为下一个项目生成创意性想法，并确保这些想法是相关的和可行的。
- 总结复杂的研究论文或文章，并将关键要点有效传达给团队或同事。
- 为商务写作生成高质量的内容，如文案或演示文稿，并确保其内容的专业性和准确性。

第5章 优化生活管理

我的一个朋友离了婚，成了独自带着两个十多岁孩子的单身职业母亲。现在的挑战是，她得料理一切琐事。过去她丈夫承担的那些事务如今都压到她的肩上。

办理离婚以及独自抚育两个青少年，这些改变给她带来沉重的压力。这是一个永无止境的生活管理任务，并且每天都还积攒新的任务。从支付账单、管理财务，到安排预约和跟踪重要文件，感觉每天都没有足够的时间。

除了家务事，她还在一家大银行担任要职。

努力平衡工作、养育子女和生活。作为她的朋友，她的难处我都看在眼里。虽然基本上都能应对得过来，但有时她也会感到迷茫、孤独，以及掉入时间和精力深渊的无力感。

她可不是唯一一个有这种感觉的人。

伊丽莎白·艾曼斯（Elizabeth Emens）在其《生活管理的艺术》一书中指出，打理我们的个人生活和家庭需要是一张永远做不完的任务清单，从培养与朋友和家人的关系到照顾孩子，以及维护我们的家庭和身体健康等。然而，就像和工作上的管理一样，“生活管理”任务通常是我们最不喜欢、也最容易拖延的任务。尽管如此，做好这些事情对保障我们的生活有条不紊地走在正轨上，却是至关重要的。

如果你是一个忙碌的家长，就深知管理一个家庭时遇到的种种琐事有多么令人头疼。从安排日程到准备餐点，以及这之间的种种事务，让人感觉每天时间总是左支右绌。

即使你不是家长，管理生活和家庭同样会占据那些原本可以用来“充电”的私人和闲暇时间。

欢迎来到 ChatGPT——你的私人管家。我们已经知道 ChatGPT 在工作中的帮助有多大，那么现在就来探讨一下它如何帮助你简化繁忙的家庭生活吧（图 5.1）。谁不想家里有一个私人助理或仆人帮忙呢？

助理

你是否收到过不公平的交通罚款（比如停车），或者房子周围有一些需要处理的问题？也许是与邻居（比如乱吠的狗），也许是跟房东（比如漏水的管道）的一些小矛盾。有

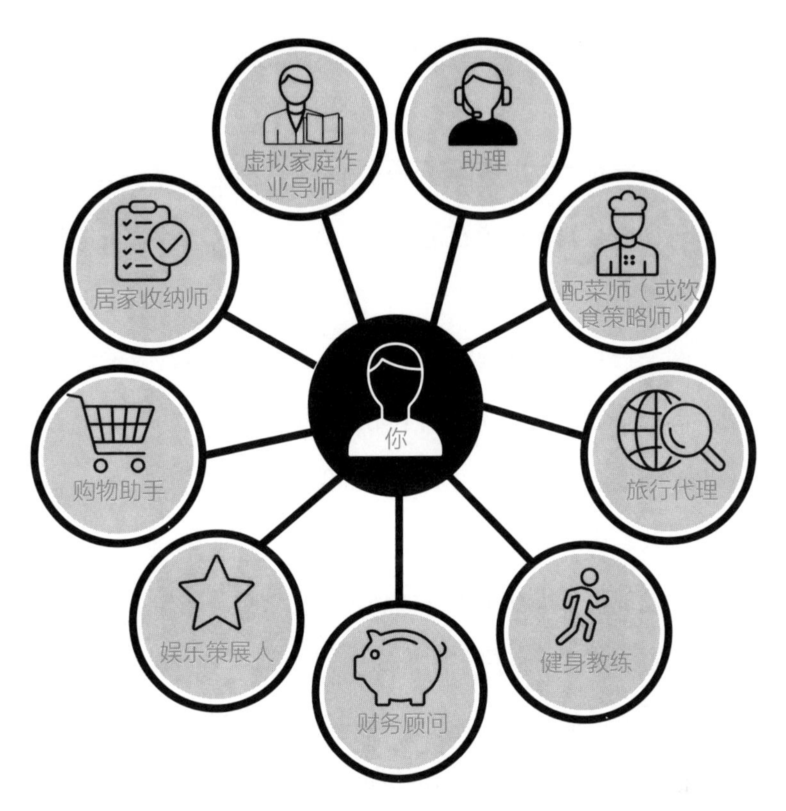

图 5.1　你的虚拟管家

时我们最终会选择隐忍，因为我们不想和他人产生冲突。

2023 年 3 月，一名英国大学生向 ChatGPT 寻求帮助，希望它帮忙写信，来撤销一张不公平的停车罚单（她持有许可证）。结果成功了！她说，通常情况下，她可能不会费心去纠结罚款的事，毕竟她当时正忙于学业。但这一次，她认为她得申诉。

她提交了 ChatGPT 写的信，后来罚款被撤销，为此她节省了 60 英镑。

我知道我一直因为隐忍而感到难受，因为我要么不想引发矛盾，要么我不知道该怎么做。有了 ChatGPT，我就能消除这些焦虑。

例子提示：我邻居出去上班后，家里的狗就会整天吠叫。但我在家工作，狗吵得我心烦意乱。我喜欢我的邻居，也不想和他们发生任何冲突。请帮我写一封简短、友好、礼貌的便条，让他们注意到这种情况。

我发现院子里漏水了，似乎是从洗衣机漏出来。帮我写一封礼貌的邮件，请房东前来修理。

我买的产品的零件坏了。我一直无法通过电话联系到售后。请给我写一封礼貌但坚定的电子邮件，让他们联系我。

配菜师（或饮食策略师）

你是否有这样的经历，结束一天工作劳顿回到家中，有人问："晚餐吃什么？"你不禁想吼他们，"我怎么知道！为什么你就不能设计一下呢？"

所幸，以后不会这样了！让我向你推荐一款名为"ChatGPT

让吃什么变简单”的程序，它还有一个名字叫作“不对家人的提问而抓狂”。

说实话，尽管我是一名“效率专家”，但制订饮食计划并非我所擅长，直到现在也仍旧如此。

对我来说，制订饮食计划一直是一项艰巨的任务，尤其是在尝试保持健康生活方式的时候。需要考虑的因素太多了，比如饮食需求、准备食材、杂货购物和家人们的众口难调，这些都可能会让人感到不知所措。

ChatGPT 能让制订饮食计划变得轻而易举。它不仅可以帮你确定今天的菜单，甚至还可以根据饮食需求和偏好创建一份私人定制的采购清单。

首先，让我们来谈谈饮食限制。无论你是绝对的素食者还是对某些食材过敏，ChatGPT 都能提供帮助。你只需问询素餐或生酮食物，ChatGPT 便会提供一系列的选择，比如素食辣椒或无酮比萨。

例子提示：我有麸质不耐症，正在努力寻找适合自己的食物。给我一些容易制作的无麸质蛋白食谱的建议。

我是一个素食主义者，我正在寻找在饮食中添加更多蛋白质的方法。请给我推荐一些含植物蛋白质的食物配方。

我对坚果过敏，我担心找不到安全又有营养的零食。请给我一些没有坚果、不会让我过敏的零食建议。

想省钱吗

ChatGPT 可以根据你的烹饪计划生成一个购物清单来帮你将花销维持在预算以内，让你避免购买不必要的物品，并确保你能买到本周需要的一切。假设你打算做烤鸡、意大利面和炒蔬菜。ChatGPT 将生成一个包含鸡肉、蔬菜、意大利面、腌酱和其他所需食材的购物清单。

例子提示：我的饮食消费预算有限，但我想吃上健康美味的饭菜。请给一些我能负担得起并且有营养的饮食建议。

我经常在饮食方面超支。请给一些饮食计划和食品购买策略的建议，可以帮助我将花销维持在预算之内。

我正努力减少食物浪费，同时也在省钱，但不知道怎样才能充分利用我的食材。请给我一些可以帮助我用完（输入你的冰箱或橱柜里的东西）的食谱建议以及其烹饪方法。

需要灵感吗

如果你想用完储藏室或冰箱里的食材，ChatGPT 也可以在这件事上帮到你。只需提出要求，让它根据你手头的食材来制定饮食建议就行。如果你有一些藜麦和罐装黑豆——ChatGPT 就可以据此给出一些饮食建议，比如藜麦、黑豆和素食辣椒，或者黑豆和藜麦沙拉。如果你有剩菜的话，那就更有用了。它的建议不仅能避免食物浪费，还可以节省食品的花销。

例子提示：我的冰箱里有鸡肉、米饭和西兰花，但我不知道晚餐该做什么。给我一个包含这些食材的晚餐建议。

我的冰箱和食品柜里有鸡蛋、奶酪和面包，但我已经腻烦了日复一日做同样的早餐。请给我一些使用这些食材的创意早餐的点子。

我的冰箱和食品柜里可供选择的食材不多，但我想确保我能得到全部所需的营养。请给我一些使用日常食材也仍然能提供均衡饮食的菜谱。

你忙吗

ChatGPT 可以通过生成快速且易上手准备的食物的建议，去帮助你节省时间。如果你时间不宽裕，不想在厨房花几个小时，只需给 ChatGPT 提出需求：请告诉我一些花费不超过半小时的菜单。你就会收到诸如一锅意大利面或炒蔬菜等建议。这对已经忙了一天的你，无疑是一大福音。

例子提示：我总是缺少时间，很难找到快速且简单的餐食。请给我一些容易准备且不费力的食谱。

我开始筹划着提前准备下周的饭菜，却不知从何入手。ChatGPT 也能为我提供一些加工简单且方便储放饭菜的建议。

我的日程满满，没有多少时间用在厨房，可我又想吃到健康美味的饭菜。请给我一些不到半小时就能搞定的方便食谱。

但是，这还不是全部。请拭目以待，重头戏来了！

如果对它的建议不满意，可以向它问出更多答案。我发现，当提出需要三个选项而不仅是一个选项时，ChatGPT 会给我更多的选择。只要不断告诉它删除或添加一个选项、缩短时间，或者再来三个想法就行。务必谨记，这不是谷歌。请与它持续对话，直到满意为止。

接下来，让我们看看当我向 ChatGPT 提出一些非常具体的饮食计划建议时，会发生什么事情。

例子提示：给我三天晚餐的建议。我是 2 型糖尿病患者，所以需要控糖，做饭时间不要超过半小时。

ChatGPT：

第一晚：烤三文鱼和烤蔬菜

给三文鱼刷上橄榄油，用盐、胡椒粉和大蒜粉调味。烤炙 10—12 分钟。

将蔬菜（如西葫芦、甜椒和洋葱）放在烤箱中，加入橄榄油、盐和胡椒粉，烤 20—25 分钟。

第二晚：火鸡和蔬菜盖饭

用芝麻油、姜和大蒜在锅里煮火鸡。

加入切碎的蔬菜（如花椰菜、胡萝卜和雪豆），煮 5—7 分钟。

用低盐酱油和少许红糖调味。菜卤浇到糙米饭上。

第三晚：烤鸡肉沙拉

将鸡胸肉和香醋、橄榄油和干香草中腌制 30 分钟。

烤鸡肉，烤 10—12 分钟。

在绿色蔬菜中加入圣女果、黄瓜和鳄梨片，淋上橄榄油和香醋。

跟进提示：生成上述所用食材的购物清单，要求在超市就能买齐。

ChatGPT：

食材：三文鱼、西葫芦、青椒、洋葱、西兰花、胡萝卜、雪豆、圣女果、黄瓜、鳄梨。

调味品：橄榄、油盐、胡椒、大蒜粉、芝麻油、姜、大蒜、低盐酱油、红糖、香醋、干香草、糙米。

肉类：火鸡或鸡胸肉。

馋得我直流口水！如果我不想亲自去超市，我可以用这个详尽的购物清单去网上下单了。如果决定亲自出门，我也可以照着这份购物清单迅速和高效地采购。

旅行代理

人们常容易陷入日常琐事的漩涡，但更为重要的是要重视休闲时间，以保持工作与生活的平衡。在忙碌的工作中，合理规划休闲时间有时会是一项挑战。借助 ChatGPT，你可以有效地组织和充分利用闲暇时间。

作为一个住在澳大利亚且热爱旅行和探索的人，为我短暂的假期安排一个充实、合理的长途旅行计划尤其重要。我也知道不是所有人都喜欢安排得很常规的行程。如果愿意，你可以向 ChatGPT 描述理想中的形式或风格，它会为你提供一个适合的计划或简洁的指南。

首先，可以请 ChatGPT 基于你的兴趣和偏好，为你提供关于旅游目的地、酒店或活动的建议。在撰写这本书时，Open AI 已经为 Expedia 发布了一个插件，为其增添了查找航班、酒店和活动以及对比选项与价格的功能。

ChatGPT 还可以帮你创建一份详细的出游行程，包括交通选择、酒店预订方式以及有哪些正在举办的活动。有 ChatGPT 相助，规划假期就变得轻而易举了。

我给了它以下提示（我想这是相当模糊的），并十分惊讶于它的回复。

例子提示：五月份我要去法国旅行三周。我想选择火车作为环游法国的主要交通工具。我计划在巴黎待三天，然后在法国南部的一个小村庄里住一段时间。我们喜欢外出吃东西，想尝尽当地特色美味。作为这次旅行的一部分，我还想去马赛待上几天。能为我拟定一份行程吗？

ChatGPT：

第 1—3 天：巴黎。在巴黎度过旅程的前三天，感受这座美丽城市的风景和美食。参观埃菲尔铁塔、卢浮宫和巴黎圣母院，沿着香榭丽舍大街漫步。在传统的法国啤酒店或小酒馆享用美食，品尝当地的葡萄酒。

第 4—7 天：阿维尼翁。从巴黎乘火车到阿维尼翁，这是法国南部一个美丽的城市，以中世纪建筑和村落美景而闻名。花几天时间去探索这座城市，附近的小镇洛杉矶也值得一看，那里的古董市场和当地农副产品远近闻名。别忘了品尝地方风味，比如：老式蔬菜杂烩、鲜味鱼肉汤和焦糖布丁。因数量过多，在此做些省略。

第 15—21 天：法国南部的小村庄。选一个法国南部的小村庄度过您本次旅行的最后一周，如圣保罗或戈德斯。在这里享受乡村的安宁和静谧，并品尝一些美味的土特产，如橄榄、山羊奶酪和松露。上一节烹饪课或进行一次葡萄酒之旅，让您在法国南部享受悠闲时光。

等等，我想知道关于第 15—21 天更详细的情况。

跟进提示：你能推荐另一个符合上述第 15—21 天行程的小村庄吗？

ChatGPT：博尼约，它位于卢伯隆地区的中心地带，是一个坐落在山顶的风景如画之地。它以其狭窄、蜿蜒的街道、古老的石屋和山谷的绝世美景而闻名。村里有几家超赞的餐馆和咖啡馆，提供传统的普罗旺斯美食，还有一个定期售卖当地农产品的集市。

对了，坐火车旅行怎么样？我最好去查一下。

跟进提示：我可以乘火车到达那里吗？

ChatGPT：是的，您可以坐火车去那儿，不过可能需要从最近的火车站坐一小段公共汽车或出租车到达这里。

要到达博尼约，您可以乘火车去阿维尼翁市，然后换乘当地的巴士，直接去博尼约。这个行程总共大约需要 1.5 个小时。

老实说，我只是把这个提示作为一个例子写进这本书里，但现在我真的在考虑 5 月份的法国旅行了。

再等一下……ChatGPT 说我可以坐火车或公共汽车，但这是否说明我真的应该去选择这些交通工具吗？

假设我按照它的建议住在戈尔德村。建议去博尼约，它告诉我要乘火车去阿维尼翁，然后转乘公共汽车去博尼约，并说这要花 1.5 个小时。去一个小村庄旅行一天，来回需要乘坐 3 个小时的公共交通工具，这时间也太久了吧！

我的常识告诉我，ChatGPT 给出的建议并不是最好的，我得自己做点攻略来制订这个旅游计划。

所以，我查看了谷歌地图，结果发现博尼约到戈尔德相距只有大约 20 分钟汽车的车程！更重要的是，原来从戈尔德到阿维尼翁是没有火车的。（请注意，ChatGPT 并没有说我应该从哪里坐火车。）

ChatGPT 给了我一些不错的观光建议，这个行程仍然是一个很好的建议（理论上说是的）。ChatGPT 为我找到了旅行目的地的常见游记攻略，并且向我介绍了每个地方的旅游景点。

所以它帮我省掉了很多时间。我本来要花好几个小时去浏览旅游网站才能发现这样有趣的旅游景点。然而，在回答我关于如何乘坐公共交通进行旅游这个问题时，它仅提供了有关“公共交通”字面意思的答案。它并没有采取额外的推理步骤来问我是否选择使用这个选项。

这个经验教训很宝贵：ChatGPT 确实可让人们不必费时做旅行攻略，但你仍然应该依据常识去仔细检查重要的细节，比如如何从 A 地到 B 地！

所以，我若真做法国之旅的攻略，我还得租一辆车，即便如此，我也不会放弃 ChatGPT 成为我的度假助手。

例子提示：帮我设计一次为期两周的房车旅行，一家四口，目的地是澳大利亚东海岸。

打算趁一月份学校放假时去旅游，最适合家庭度假的澳大利亚最佳目的地是哪里？

澳大利亚去哪儿旅游经济实惠，我想要一个既环保又适合四口之家的出游计划，家庭成员中有 6 个月大的婴儿。

当然，也许你并不需要饮食与旅行计划，ChatGPT 还有许多其他用途。你可以用 ChatGPT 给你反馈建议，帮你节省时间。

健身教练

有一些宅在家的电视迷，不知从何着手去制订健身计划？也不愿意花几个小时研究那些适合自己健身水平或时间表的锻炼计划和锻炼习惯。

只要告诉 ChatGPT 你的健身目标，首选的锻炼风格和时间表，它能生成一个适合的健身计划，提出一个个性化的锻炼习惯的建议。

提示结构：我今年（插入年龄）岁，处于（健康水平）。我想（锻炼的目标），但我不确定从哪里开始。请提供一些（限定条件）吗？

例子提示：我今年 45 岁，身体不太健康。我想开始定期锻炼，但我不知道从哪里开始。你能针对初学者建议一些不需要去健身房或购买健身器材的健身计划吗？

财务顾问

在繁杂的事务中，你会发现记录开支和做预算真挺困难的。ChatGPT 可以提供有效的解决方案，帮助你更好地管理个人财务。当然，我们也要注意，不要在公共场合过度分享个人财务信息，以保护自己的隐私安全。

提示结构：我的财务目标是（插入目标）。我有一些经济上的挑战，比如（插入挑战），我想要一些建议和资源来帮助我实现我的目标。

例子提示：我的财务目标是在未来 10 年内还清抵押贷款。我有一些经济上的挑战，比如供我的孩子上高中和大学，我想要一些建议和资源来帮助我实现我的目标。

娱乐策展人

你是否曾因花费数小时查找可以与亲朋好友共赏的电影或电视节目，却未能满足他们的期望，从而引发的不必要争执而感到厌倦？

ChatGPT 可以根据你的兴趣和偏好，提供精心挑选的电影、电视节目或播客建议，为你量身打造最佳的娱乐方案，让你的家庭电影之夜或长途汽车旅行变得更加轻松和愉快。

提示结构：我即将（插入情景），我想要一些关于（特定娱乐）的建议，这些建议应基于以下我在过去喜欢的东西（此处至少举出三例）。

例子提示：我即将开启一次公路旅行，希望获取有关有声读物或播客的建议，请根据我过去喜欢的东西："哈利·波特""纳尼亚传奇""SYSK 播客"来推荐。

购物助手

给别人挑选礼物可是一件很有挑战性的任务。我们常常冒着自嗨的风险买了让自己满意的东西，却未能从对方立场来思考。现在，让 ChatGPT 成为你的私人购物助手吧。

它可以帮助你在所有场合找到完美的礼物，或者根据你朋友的兴趣和偏好推荐新品，帮你节省时间，避免长时间地在线浏览查找之苦。

提示结构：我需要一个礼物送给（年龄）岁的人。他们喜欢（输入标准），不喜欢（输入标准）。他们过去喜欢的礼物有（以前的礼物——如果你不想推荐这些，记得跳过）。请给我 10 个送礼物的方案。

例子提示：我需要给我 36 岁的嫂子送礼物。她喜欢烹饪、食谱和小厨具，并且不喜欢花太多时间在准备饭菜上。她过去喜欢的礼物包括著名的厨师食谱、日本刀具和无线电器。请给我出 10 个礼物的方案。

居家收纳师

你是否曾因翻箱倒柜找东西没找到，而体会到混乱和无序的苦楚？

让 ChatGPT 成为你自己的“收纳女王”吧。它可以为你的杂物提供存储方案，或提出改善工作空间的建议。如此一来，你就可以拥有更多的空闲时间，专注于喜欢的事情、工作和带给你快乐的事情。

提示结构：我的（空间）非常杂乱无序，这对我的（某方面）产生了负面影响。你能提供一些（例子）或相关建议吗？

例子提示：我的卧室非常杂乱无序，这对我的作息和睡眠产生了负面影响。你能提供一些收纳方式或相关建议吗？

虚拟家庭作业导师

关于是否应该允许学生使用像 ChatGPT 这样的人工智能工具做作业，有两种观点。

2023 年刚一开学，西澳大利亚和维多利亚公立学校就加入了新南威尔士、昆士兰和塔斯马尼亚州的行列，禁止学生在上学期间使用 ChatGPT。这是对美国、法国和印度各学区实施类似禁令的响应。

然而，不是所有人都认为这是明智之举。

澳大利亚教育研究委员会的副首席执行官凯瑟琳·麦克莱伦博士（Dr Catherine McClellan）说，对教育面临的技术威胁人们感到恐慌并不新鲜。她提醒我们，学习技术的每一次进步都被认为是对传统学习方法的威胁，包括纸张和互联网。麦克莱伦建议，与其禁止人工智能，倒不如关注怎样用它来改善教育。

南澳大利亚大学人工智能和教育的国际专家乔治·西门子教授（George Siemens）同意这一观点，他表示，与其避免或禁止人工智能，不如让教师探索和测试人工智能，以了解它的应用可能性。

例如，ChatGPT 可以创建教学计划的模板，并为教学编程提供灵感。这为教师腾出与学生联系和互动的时间，间接创造了更多个性化和有意义的学习机会。

与此同时，一些学校已经开始教学生如何使用它。

在美国肯塔基州的一间教室里，唐尼·皮尔西（Donnie Piercey）向他的五年级学生发起挑战，要求他们智胜 ChatGPT。虽然有些学区已禁用该工具，但皮尔西认为这是一个可以让他的学生去适应一个日渐依赖人工智能的世界的机会。

皮尔西说，作为教育工作者，我们还没有找到使用人工智能的最佳方式。但不管期待与否，它都会如约而至。他认为人工智能只是从计算器到当前技术进步中的最新形态，它们引发了人们对作弊的担忧。

皮尔西把这个练习变成了一款有趣的互动写作游戏。学生们必须辨别出哪一个文本的摘要是由 ChatGPT 写的。这种方法有助于让学生了解人工智能的能力和局限，同时也使其成为一种引人入胜的学习体验。

我记得 2005 年澳大利亚电信的一则标志性电视广告。广告中一对父子在开车，小男孩问他的父亲，"爸爸，我们为什么也要像中国一样建'长城'？"

这个父亲告诉他的儿子说："……以前，澳大利亚的兔子太多了，建造'防兔长城'是为了把兔子赶走。"

然后场景切换到教室，一位老师宣布："丹尼尔现在将发表演讲。"

虽然这个广告最初是关于访问互联网进行研究的，但 ChatGPT 为世界各地的父母提供了一个来帮助他们的孩子完成家庭作业的工具。虽然我们在第二章中已经讨论了其准确性，但与丹尼尔在广告中所做的工作相比，你可能要做的工作更多。

我并非建议家长替孩子做作业。但是，引导他们走向正确的方向是相当有益的。

通过直接询问 ChatGPT 来获得家庭作业的具体帮助。例如，如果你的孩子正在努力解决一个数学问题，你可以将这个问题复制到 ChatGPT 中，并要求它解释解开这个问题所涉及的每个步骤，而不是直接提供答案。你也可以要求它提供额外的练习题，或提供提示和技巧来帮助孩子自己动手解决数学问题。

询问 ChatGPT 新闻、历史事件或科学概念的问题，并就这个话题与之进行对话。更好的方式是，鼓励你的孩子与它进行对话，这将有助于培养他们的批判性思维能力，考虑不同的观点，并形成基于证据的观点。

例如，我最近听说一个学生把 ChatGPT 作为学伴来帮助他学习。

例子提示：我正在研究俄国革命。向我提问这个主题的一系列问题来考考我。

此外，你还可以要求它提供某个特定概念的例子，或者对你孩子发起挑战让其创造性地思考和解决问题。

以下是 ChatGPT 在家庭作业方面可以提供的 10 种帮助类型。它可以：

1. 为困难的术语和概念提供定义。

2. 回答与特定主题相关的具体问题。

3. 解释数学公式并且解决问题。

4. 提供额外的例子来帮助理解概念。

5. 为写作业提出建议与提示。

6. 通过提供信息和资源来协助项目研究的工作。

7. 提供额外的习题帮助理解和记忆。

8. 为创意项目提供想法和灵感。

9. 解释历史事件，并提供基于不同文化背景的有关信息。

10. 为考试提供学习技巧和应试策略。

在很多方面，这就像请了一位私教来一对一辅导孩子加深概念理解，并培养他们解决问题的能力。但客观而论，ChatGPT 不能代替教师，也不应该把它作为培养批判性思维技能的唯一来源。

简要回顾

如果你是一名在职父母，忙碌一天下班回家后还得照顾家庭，这可不是一件容易的事。这会导致所谓的“决策疲劳”。没办法，只要身处当今世界，我们每天就要做出大量的选择和决定，以至于在一天结束时感到筋疲力尽。

虽然 ChatGPT 还不能为你支付账单，但它们已经可以为你分担不少日常决定，从而防止你做出糟糕或根本不需要的选择！

提示

使用 ChatGPT 时，请务必谨慎处理你的个人或机密信息。ChatGPT 会将与之分享的信息收录到它的数据库中，其他用户或人工智能程序也都能访问和使用这些信息。一则经验之谈是，如果你不希望这些信息出现在全国性报纸的头版上，还是别让 ChatGPT 知道为好。

复仇者联盟

我的侄女是一个在职母亲，有 3 个不到 5 岁的孩子，其中一对还是双胞胎女孩。她的周末通常排满了各种活动，而策划自己孩子的生日派对更是一项具有挑战性的任务。

当她看到儿子穿着钢铁侠衣服带着他的几个《复仇者联盟》的玩偶在家里跑来跑去时，她立刻明白，下一个聚会的主题将会是“复仇者联盟”了。然而，每次当她坐下来准备做一个计划时，她脑海中浮现出的却只有“邀请和蛋糕”。

于是，她向 ChatGPT 求助。

提示：有个喜欢《复仇者联盟》的孩子要过 5 岁生日了，请告诉我该怎样准备这个主题的生日派对。

ChatGPT：好的，以下是一些该主题生日派对的建议：

障碍训练营：在您的后院或当地的公园里设置训练营地，包括以《复仇者联盟》电影中的场景为灵感的障碍。

工艺厅：搭建一个手工艺厅，孩子们可以制作自己的复仇者面具、盾牌或其他道具。

皮纳塔：在皮纳塔里装满电影主题的糖果和玩具，让孩子们轮流用棍子敲打。

我希望这些想法能帮助您为 5 岁的孩子策划一个有趣而难忘的生日派对！

跟进提示：聚会将于上午 11 点开始，下午 2 点结束。请把这些活动做到一个日程表中。

ChatGPT：好的，这里有一个从上午 11 点到下午 2 点的为期 3 个小时的派对时间表，包含 3 种活动，并提供水和零食：

上午 11 点至 11 点 15 分：迎宾。

欢迎客人，并带他们到活动区参加一个快速的热身活动。

上午 11 点 15 分至中午 12 点：障碍训练营。

派对从障碍训练营开始，孩子们可以扮演成他们最喜欢的复仇者角色进行比赛。

中午 12 点到下午 1 点：工艺厅

孩子们可以自己制作面具、盾牌或其他道具。提供诸如建筑纸、标记物、贴纸和胶水等材料。

下午 1 点到 1 点 45 分：皮纳塔。

以一个装满了“复仇者”主题的糖果和玩具的皮纳塔来收尾派对。

下午 1 点 45 点到下午 2 点：切蛋糕，派对结束。

当孩子们还沉浸在皮纳塔的兴奋时，端上生日蛋糕和零食，记得全体合影留念。在派对结束时分发礼物并感谢客人的到来。

跟进提示：请为这个聚会写一份邀请函。

ChatGPT：好的，这里有一个邀请函，您可以作为模板，来邀请客人参加“复仇者联盟”主题的生日派对：

复仇者联盟

（孩子的名字）快 5 岁了，我们诚挚地邀请您加入我们的盛大派对，和小英雄们一起庆祝生日。

日期:（插入聚会日期）

时间：上午 11 点至下午 2 点

地点:（插入聚会地点）

活动包括:

障碍训练营

工艺厅

派纳塔

请打扮成您最爱的复仇者角色，准备狂欢吧！让我们齐心协力，为孩子们的英雄之路加油助威！

请于（插入回复截止日期）前回复，让我们知道您是否可以参加本次盛会。

我们期待着与您共同庆祝这个难忘的日子！

致以最诚挚的祝福,（您的名字）。

看到这个结果，我大呼“太棒了”！

实验 5：让难事不再难

使用这个提示可以让 ChatGPT 在某些复杂情况下提供有用建议。

提示结构：我是一个（年龄）岁，有（看法、朋友、儿子、女儿）的（角色，例如妈妈或爸爸）。

例子提示：我是一个父亲，有一个 5 岁的女儿，我该如何教她理财?

例子提示：我是一个母亲，有一个 15 岁的儿子，我怎样才能帮他维护自尊心呢?

到目前为止，你应该已经理解了提示的技巧。那么，请尝试将这些例子的原理（上下文、问题、提示）应用到其他问题上，例如：

- 我和一个不愿分担家务的人住在一起，我怎样才能和他谈论这个话题?
- 我们已经结婚 9 年，10 周年纪念日即将来临。我们可以用哪 5 种不需要旅行的方式来庆祝这个婚姻中的里程碑呢?
- 今年，我们决定在家里做一些“零成本”的圣诞礼

> 物。参与此项活动的孩子都在 3 岁到 14 岁之间，还有一群 32 岁到 78 岁的成年人。你能分别给出 10 个给孩子和成年人的免费礼物的主意吗？

最后一个有点像社交网站上的“# 问朋友”，我们家决定尝试一下这个方法。我会让你自己用 ChatGPT 看看结果。反正，对 ChatGPT 的建议我是感到非常满意。

小结

当涉及生活管理：

- 什么饭菜是你一直想要尝试去做，却没有时间或灵感完成的？ChatGPT 如何根据饮食需求和偏好提供建议并创建一个定制的购物清单？
- 还有哪些家务活占用了你大部分的时间和精力？ChatGPT 能否帮你搞定这些问题中的大部分呢？
- ChatGPT 如何帮你充分利用家庭时间？

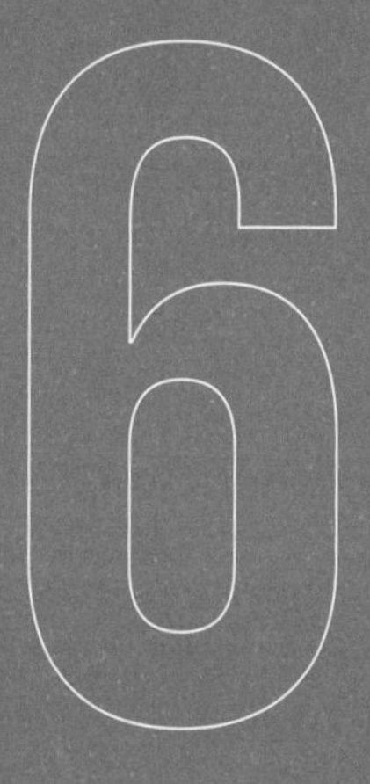

第6章 挑战 ChatGPT

第一辆汽车是由卡尔·奔驰（Karl Benz）在1886年发明的。那时，大部分人都是乘坐马车出行，马车夫需要通过左右拉扯缰绳来掌控马车的行进方向。

这种控制行进方向的方法在早期的汽车设计中被延续下来，汽车的转向装置更像是一个舵柄。对驾过马车的人来说，会感觉更加得心应手。

直到八年后，阿尔弗雷德·韦楚龙（Alfred Vacheron）才驾驶一辆装有方向盘的汽车参加了巴黎－鲁昂的汽车比赛。方向盘的引入不仅使汽车更容易操纵，还提高了车辆的行驶速度。

正如方向盘是当时一种新兴且不为人所熟知的技术，最终被证明是对舵柄的巨大改进一样，人工智能和ChatGPT同样是一种新技术，要求我们用全新的方式思考。墨守成规、故步自封，只会阻碍我们的进步。

如果你在前面的章节中迈出了这一步，已经开始使用

ChatGPT 来获取新的想法和建议，你肯定和我一样体验到了它的强大能力。你可能已经掌握了基础知识，所以会对自己的技能胸有成竹，并能够生成一些令人印象深刻的内容。

现在，你正在寻找一个“方向盘”，使生产力更上一层楼。这很好，ChatGPT 的潜力远不止于此，还有很多强大的功能等待你去探索。尝试使用这些额外技巧，你的工作效率必定会更进一步。

我知道你可能会想：“我好像都已经学到了，真的还有新技能吗？”答案是肯定的。ChatGPT 是一个非常强大的工具，有许多特性你可能还没有探索过。通过尝试这些技巧，你能快速生成引人入胜或发人深省的内容，节约出时间去做其他更重要的事情。

因此，闲言少叙，让我们直入主题，深入探究可以用 ChatGPT 来做的其他事情，让你的提示创作能力提升到新的高度，最终获得一组高级的技能包（图 6.1）。

多种选择

当我们把“搜索引擎思维”迁移到 ChatGPT 时，我们可能会采用这样的方式：向系统中输入一个需求式的提

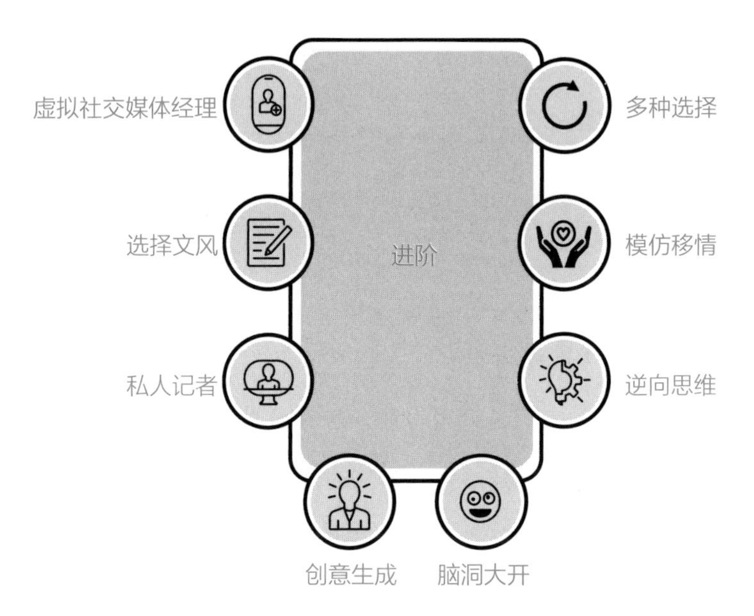

图 6.1　高级技能包

示。例如：

例子提示：我打算送我姐夫一件生日礼物，他今年 40 岁，喜欢 20 世纪 80 年代的音乐。请给我一个建议，预算 100 美元。

那么，当 ChatGPT 能够给出 3 个、5 个、10 个或更多的建议时，我们为何仍要执迷于得到一个建议呢？通过询问特定主题的多条建议，我们可以从中进行筛选、对比和细化。

例子提示：给我 10 条建议，这些建议是关于我能跟我 8 岁侄女一起做的创意艺术或工艺活动。

请生成 5 篇关于如何提高睡眠效率的博客文章。

请给出7种用西红柿、土豆、牛排和米饭制作的菜谱，要求简单易做。

模仿移情

ChatGPT能模仿专家的表达风格，这是它酷炫的功能之一。无论你关注的是特定行业、趋势还是主题，ChatGPT都可以像业内行家一样写作，为你的读者提供有价值的专业见解和建议。

例如，可以要求ChatGPT为你的目标客户或受众描绘希望和恐惧。

例子提示：描述那些渴望晋升至高管职位的女性领导者的希望与惧怕。

从一个来自不同党派的政治家的角度起草一篇演讲稿。

从一个提倡植物性饮食的素食主义者的角度撰写一篇博客文章。

逆向思维

颠覆传统叙事，创造真正引人注目的内容。与其因循守旧，不如另辟蹊径，尝试新的角度和方法，改变预期，打破既有模式。

例如，如果你正在写一个饱受争议的话题，可以请ChatGPT提供与主流观点相左的实例。这能帮你写出发人深省的内容，挑战读者的固有认知，促使其以全新的视角进行思考。

例子提示：写一篇新闻报道，从积极视角剖析一个通常被负面解读的话题，比如“为什么失败是成功之母”。

写一篇博客文章，挑战大众普遍持有的观念，比如“为什么忙碌并非高效”。

写一篇有说服力的文章，力争将一种流行观点进行逆向解读，如“为什么社交媒体有益于我们的心理健康”。

脑洞大开

借助非常规的提示，你可以激发ChatGPT的创造潜力，促使它给出独特和出人意料的回答。尝试使用更开放或更抽象的提示，看看ChatGPT能生成哪些内容。

例如，你可以让ChatGPT编写一份非常规食材的食谱，比如培根冰激凌，还可以要求ChatGPT创作一个包含双关语和文字游戏的幽默食谱。

例子提示：创作一篇小小说，故事发生在一个有两个太阳的星球上。

写一首包含多种语言的诗歌。

描述世界上最奇特的食物。

创意生成

当需要寻找新的点子或独特视角来阐述一个常规话题时，不妨让 ChatGPT 做一个头脑风暴的参与者。与其仅列出一些常规的想法，不如要求 ChatGPT 想出一些出奇制胜和新颖别致的看法和方案。

例如，你正在撰写关于某款产品或服务的方案，可以请 ChatGPT 提出一些别出心裁的推广方式，或是针对不同的目标群体的推广策略。这样，你就能创造出更具创意、更抓眼球的内容，并真正打动你的目标客户。

例子提示：想出一个有趣、独特且经济的家庭之夜的创意。

针对现有应用程序的功能提出创新性的改进建议，比如增加虚拟现实功能的语言学习 App。

为团建活动策划一些独特的创意方案。

私人记者

采取多元视角进行创作，能够增加内容的深度和层次。当你面对具有争议的话题时，可以考虑让 ChatGPT 从不同群体或由持有不同观点的个人视角来写作。这将帮你创建更细腻和全面的内容，真实反映出当前问题的复杂性。

例如，让 ChatGPT 从本地人的视角出发，写一本旅游指南。可以让 ChatGPT 为你介绍当地最好的餐馆，是那些时常被游客错过的美食宝藏，或是给出一些关于如何充分利用旅程的私人建议。

例子提示：以一个电视迷的身份，写一篇关于定期锻炼有益身体健康的文章。

旅游业对巴厘岛居民产生了哪些影响？它是如何改变并塑造了当地文化的？

选择文风

尝试不同的写作风格或写作手法，可为你呈现更富动态与多样性的内容。例如，你可以要求ChatGPT采用讽刺或幽默的文风，或对特定内容采用更为严肃或学术性的语气。

请ChatGPT创作一部关于气候变化或政治等严肃话题的喜剧小品，还可以请ChatGPT撰写一篇嘲讽时事的文章。

例子提示：创作一篇严肃的学术论文，描述时间旅行者的一天。

写一篇轻松幽默的产品评论，向大家介绍这款吸尘器如何改变了我的生活。

写一本轻松搞笑的指南，讲述僵尸末日的情景。

虚拟社交媒体经理

通过要求ChatGPT以不同的格式编写，你可以创作出更丰富多样且更引人入胜的内容。此外，你还可以利用同一内容生成多种不同风格的社交媒体帖子。例如，你已经写了一篇长文或博客（并乐于与ChatGPT分享），你可以要求它将文章转化为表格、生成文章摘要、将内容缩写成280字以内用于社交媒体的短文。

例子提示：将文章缩写成280字以内的短文，用于社交媒体发布（此处粘贴原文）。

将本文转化成表格，第一列为关键点，在第二列为简短描述（此处粘贴原文）。

这些内容能有多少种不同的方式被重新用于社交媒体上?（此处粘贴原文）。

真不错，你学到了！现在，你已是一位 ChatGPT 专家，生产力更上一层楼。你的工作质量将得到提升，为个人发展和有价值的事业腾出更多时间、精力和关注。

提示

保持尊重。如果你用了冒犯之词或提出不当请求，ChatGPT 可能会警告或拒绝回答你的提问，甚至可能会暂停或永久关停你的账号。

人工智能奇想：俳句致敬

我发现了一种有趣却不总实用的方式，可以让 ChatGPT 回答兼具娱乐性、创造性和激励性。

我要求 ChatGPT 按照莎士比亚的风格创作一首关于土豆的俳句，它还真没让我失望：

哦，土豆

你卑微的身形

匿藏绝美之味

泥土难掩光芒

必须说，这诗不错！

实验 6：个性化

ChatGPT 能根据个人偏好和行为生成个性化的建议。

请花点时间思考你的个人偏好，并使用 ChatGPT 为你推荐可能喜欢的书籍、电影或其他产品。

创建一个 Word 文档，并插入表格列出以下内容（参见表 6.1）：

表 6.1　定义个人偏好

类别	示例	个人偏好
最喜欢的文娱作品类型	最喜欢的书籍、电影、电视节目或音乐（例如科幻电影、浪漫喜剧或嘻哈音乐）?	
最喜欢的作家、导演或音乐家	最喜欢的作家、导演或音乐家都有谁？谁是首选?	
首选形式	最喜欢的消费类媒体形式是什么，比如电子书、有声读物还是纸质书?	
时间限制	通常在媒体上能花多长时间（例如，喜欢阅读长篇小说、看电影还是看短视频）?	
情绪	你当前的情绪状态如何（例如，快乐、悲伤还是压力大）?	

续表

类别	示例	个人偏好
时事和新闻动态	当前的兴趣或关注点是什么（例如，你是否对特定的新闻报道或特定的主题感兴趣）?	
朋友圈	朋友和家人更喜欢什么类型的节目、播客和音乐?	
学习风格（方式）	最喜欢哪种类型的学习风格（例如：观察、阅读、操作）?	
购买历史	以前买了哪些书、电影或音乐?	
评论	能分享一些过去对媒体的评论或评分吗?	

你可以根据自身实际增设其他行，向 ChatGPT 提供的信息和背景越多，它就越能生成切题和有用的建议。

上述任一或所有信息都可被用于编写提示，以便 ChatGPT 回答出更具个性化和更相关的答案。

例子提示：我钟爱科幻小说和有关时间旅行题材的作品，最喜欢的小说作家是斯蒂芬 · 金（Stephen King）。我喜欢读篇幅 250 页内的纸质书。请推荐 10 本相关书籍。

ChatGPT：《时间机器》——讲述一个人穿越时空抵达遥远未来的经典小说。

奥克塔维娅 · 巴特勒（Octavia Butler）的《亲族》——一部现代经典之作，讲述一个年轻女子被带回南北战争前的南方，面对奴隶制的恐怖故事。

戴安娜·加巴尔登（Diana Gabaldon）的《外乡人》——一部浪漫的爱情穿越故事，讲述一名第二次世界大战时期的护士发现自己被带回了18世纪的苏格兰。

你肯定了解了。

ChatGPT生成的列表真不错，其中一些我已经读过，还有一些尚未涉猎。虽然亲自逛书店是一种乐趣，但这个列表的生成用时不到10秒，比亚马逊的推荐算法还快，也更有吸引力。

小结

为了更刺激，我们测试了 ChatGPT 的极限：

- 角色扮演：让 ChatGPT 扮演专业领域或行业专家的角色来发声。它将给你提供有价值的见解和建议，你可以用它来创建精彩和丰富的内容。
- 打破陈旧：与其重复同样的旧想法，不如要求 ChatGPT 提供与主流观点相左的例子。这将帮你创建发人深省的内容，挑战你和读者的预设，并让每个人都能以全新和意想不到的方式思考。
- 创意狂想：通过使用非常规的提示，你可以激发 ChatGPT 的创造性潜力，想出真正独特和出其不意的回答。把风马牛不相及两件事放一起，看看它能给你带来什么惊喜。

其他生成式 AI 工具

随着人工智能的迭代升级，相关产品的数据存储量愈发庞大，功能也更为复杂，在节省时间成本和提高工作效率上，ChatGPT 的可能性将是无限的。

当前，引起全球轰动的人工智能可不只有 ChatGPT，DALL-E 你听过吗？

DALL-E 是一个能从文本描述中生成图像的人工智能工具。我发现它特别有用，因为过去我所依赖的图片库不是总能完全满足需求。在 DALL-E 中，你可以用文字描述一个场景或概念，并让 AI 模型生成需要的任何图像。

试用 DALL-E 时，你登录 ChatGPT 时所用的 OpenAI 账号同样有效。

访问 OpenAI 网站，使用你已有的 OpenAI 账号的用户名和密码，并开始使用不同的提示语。试着让它生成图像，比如：

- 海滩上的树屋。
- 用巧克力做成的茶壶。
- 熊猫弹吉他。
- 用糖果做成的热气球。
- 一只神龙向城市边际飞去。
- 巨型章鱼打篮球。
- 用铅笔做的海滩上的棕榈树。
- 宇宙飞船在彩虹上着陆。
- 小丑与行星杂耍。
- 咖啡杯内有风景。

这些提示语旨在给你一些例子，让你能够充分体验 DALL-E 并探索其生成独特且富有创意图像的能力。祝你在其中玩得开心！

图像一旦生成，它该归谁所有？

根据你在登录 OpenAI 账号时所同意的使用条款，你创建的任何图像（使用条款中称之为“生成物”）归 OpenAI 所有。OpenAI 授予你出售 DALL-E 图像的权利，只要你能让人们为一张所有人都可免费获得的图像付费。

现在，你可以使用 DALL-E 的图像从事任何商业活动，但缺点是你不能阻止其他人使用你所创建的图像做同样的事情。

在这种情况下，法律须紧跟技术发展的脚步。

还有什么

“分享”二字易说不易做，最好的办法就是亲自探索。

除了 ChatGPT，还有一些其他的应用程序。它们正在使用人工智能来帮助人们完成生活中的常规任务，从而节约时间来放松身心。

照片实时编辑

ClipDrop 是一款能够即时编辑图像和视频的应用程序。用户可通过手机摄像头从照片或视频中实时识别物体。这项技术有改变编辑和操作视觉媒体方式的潜力，让我们能够快速地创造独特和新颖的内容。

或许你是一位美食博客作者，此时正在餐馆里给饭菜拍照。借助 ClipDrop，你可以轻松地从拍摄的照片中提取出食物部分，并将其置于不同背景下，为你的博客或社交媒体生成一个引人注目的图片。你还可以在图像中添加文本或其他元素，让它变得更引人注目。

文字秒变视频

Lumen5 是一款基于人工智能的视频生成工具，用来帮助用户从现有文本生成视频。它能让企业和作者轻松地将文本作品快速转变成吸引人的视频。

多年来，我一直在进行文章创作和博客写作。有了 Lumen5 加持，我可以轻松将现有的博客或文章变成引人入胜的视频内容。此外，通过 Lumen5 对视频添加图像、动画和其他特效，我能在短时间内做出专业且精彩的视频作品。

这类应用不胜枚举。以下是另外五款人工智能应用程序，它们都有独特的功能和节省时间的潜力。

1. Symrise AI 平台正在基于对消费者偏好的数据分析，为用户提供定制香水。

2. IMG Flip 使用人工智能算法生成从未见过的自定义表情包。

3. IBM 和 McCormick 等公司正在使用人工智能算法，根据用户偏好生成独特且新颖的调味品。

4. 诸如 Interior Flow 等众多平台使用人工智能算法，根据用户偏好和建筑面积生成个性化的室内设计建议。它可以生成虚拟室内模型和虚拟设计方案，将对房屋销售与室内装潢等产业产生颠覆性的影响。

5. Prefarabli 使用人工智能算法，根据用户的口味偏好生成个性化的葡萄酒推荐。(这是我的最爱之一。)

总之，这些人工智能工具为满足人们的创意和个性需求展现出激动人心的前景。随着人工智能技术的不断发展，我们有望看到更多极具创新和令人赞叹的工具出现，借助它们来释放我们的创造力和潜力。从视觉媒体与标志创设到语音合成与视频创作，它们为丰富人们生活和实现梦想提供了无限的可能。

在此书即将成稿之时，Chrome 浏览器中的 ChatGPT 扩展插件也变得流行起来。比如：

- WebChatGPT——允许 ChatGPT 在网上搜索最新的信息，并将其与常规回答一起呈现。你甚至可使用过滤器来获得特定的消息。
- ChatGPT for Google——在谷歌搜索结果的旁边显示 ChatGPT 给出的结果，你不必在不同网页之间反复切换。

- YouTube Summary with ChatGPT——用 ChatGPT 快速生成 YouTube 视频文本的摘要，以节省时间。
- TweetGPT——将 ChatGPT 集成到推持中，并根据你选择的情绪生成推文。

就在本书即将开始印刷的时候，我们经历了一次“进程暂停”。因为 Open AI 宣布为 ChatGPT（或 GPT4）提供插件，以实现实时访问互联网和利用现有的应用程序的功能，例如 OpenTable（餐饮应用）和 Expedia（旅行应用）。通过种种方式，它能提升应答的质量、准确性和实用性。

例子提示：我现在住在墨尔本的 XXX 酒店。请在附近为我找 3 家周五晚上 7 点有 2 张席位的高档餐厅。

在本书印刷时，已有超过 120 个不同的插件，其中包括：

- Instacart——可询问食谱、膳食计划，等等。
- Expedia——实现旅行计划。
- OpenTable——检索餐厅并查看当前能否就餐。
- Speak——学习如何用另一种语言交流。
- Playlist——通过任意提示创建 Spotify 播放列表。

但其实，这还不是全部！现在有一个 ChatGPT 手机应用程序，它实现了语音转文本的功能。这是一次革新，因为它意味着用户能直接在应用程序中说出提示，这样更省事！

现在你已经掌握了 ChatGPT 等人工智能产品基本知识，深入了解它们将是提高生产力之旅的下一步，因为这些工具和应用程序的设计宗旨就是为了简化流程，帮助你更快地找到正确答案。

所有这些扩展和应用都易于安装和使用，它们会将使用 ChatGPT 的体验提升一大截。

所以，当你在创造性探索的旅途继续前行时，请把 ChatGPT 放在你的工具箱里。跟上它的变化并了解使用它的新方法，尝试各种功能，看看它能如何帮你释放新的创造力和生产力水平——一切皆有可能。

ChatGPT 或许能让你从繁重的工作中解脱出来，不再需要被长时间绑在办公桌上承受压力与疲惫。相反，你将找到一种平衡工作和个人生活的方法，把多出的时间当作礼物馈赠给自己，真正享受生活带来的快乐。

某种程度上，它会消除所有“我太忙了”的借口。你终于有时间优先考虑健康和幸福，为自己腾出时间，追求梦想却不牺牲工作。

那么，何必等待呢？如果你还未尝试过，何不现在就使用 ChatGPT，朝着减少工作时间和为真正重要的事留出余地而迈出第一步。

一句忠告

几年前，我在一家电信公司工作。当时，我们是头部的电子商务组织，每天都身处于充满朝气和科技感的办公环境中。

每天早上，我到办公室的第一件事就是按下电脑的“开机”键，然后去喝一杯茶。通常，我会及时回到办公桌，看着启动程序完成。接着输入密码，查看我的语音留言，并在查阅电子邮件之前跟同事寒暄几句。

这差不多得花上10分钟左右。如今，你很难想象要等这么久才能让电脑启动吧？现在我用来写这本书的Mac电脑只需不到一分钟就能启动并准备就绪，但我仍然发现自己有时会焦躁地用手指敲着桌子。

近年来，我们与时间的关系发生了巨大的变化。随着科技发展和生活节奏变快，我们对任何形式的延误都越来越没有耐心也难以容忍。过去被认为是合理的等待时间现在已经缩短到几分钟，甚至几秒钟。

以前，在餐馆排队吃饭或是在电影院排队买票是司空见惯的事。我们愿意花半个小时或更长的时间排队，与人交谈或者单纯地享受这种氛围。

如今，快餐连锁店和在线票务网络使得等待几分钟似乎度日如年一般。我们已经习惯了即时满足，无法即时满足的事情似乎都让人难以接受。

我相信 ChatGPT 和 AI 将把我们对速度的期望提升到另一个层面。如今，我们不用花一两个小时来撰写一封措辞得体的电子邮件，只需几分钟就可以搞定。

即使是写这本书也比我之前用的时间少很多，导致截稿日期也会变得更短。

这又引出了我在这本书开头问的问题："你会如何利用这段时间？"

你会用更多的工作、活动和有意义的事情来填补这段时间吗？尽管过去需要花费数小时的任务现在仅要几分钟，但你的日子会因此而变得更加充实吗？

后疫情时代，我们看到了新的工作模式：居家办公、跨境办公，以及介于两者之间的各种混合办公模式。现在，让我们再减少工作日，比如两周工作 9 天或一周工作 4 天，因为我们真的拥有了一个能帮我们更快地完成工作的工具，让我们有额外能够放松的日子。

这就是为何我们需要将其视为一场工作方式的革命，不要错过这个机会，而要更加聪明地利用时间，别让它成为另一个让你日程更加繁忙的事物。利用它来帮助你，为那些对你来说最重要的人和事腾出时间。

后记

我相信在你读这本书时的时候，一定会特别好奇：她是用 ChatGPT 写了一本关于 ChatGPT 的书吗？

没错，可以这么认为。

现在，在你对此事得出结论之前，让我稍微解释一下。

于我而言，最为关键的是，此书是我而非 ChatGPT 写就。虽然 ChatGPT 在整个写作过程中确实有用，但它只是众多工具之一。实际上，大部分的工作都是对 ChatGPT 生成的大量文本的编辑、修改和重整。

本书刚起笔时，我就面临着为期 4 周的交稿期限。过去，我通常需要 12 周的时间来创作此等篇幅和质量的作品，所以在本书的写作过程中，我知道我需要一些帮助来产生想法和内容。通过精心制作的提示语，我生成了大量的内容，这本书的框架也由此形成。

但是，就像一栋房子一样，光有个框架根本没法住人！直到墙壁、地板、天花板和软装完成后，你才会得到最终的产品。

这可不是按下按钮，然后等着文字蹦到页面上这么简单。我花了很多时间来调整和优化生成的文本内容，以确保充分体现我的话语和文风。我替换了一些不合适的单词和短语，也加入了我的个人风格，让终稿真正出自我。

当然，还有编辑和修订的工作。无论工具如 ChatGPT 多么出色，在创作一本真正引人入胜且易读的书时，人的作用都是无可替代的。

我对书稿倾注了大量精力（有时甚至十分痛苦），打磨语言，加快节奏，确保本书读起来通顺流畅。

所有这些努力共同促成这本我深感自豪的书。我实话实说，没有 ChatGPT 帮助，我肯定写不出来。但重要的是，尽管 ChatGPT 是一个十分强大的工具，它也只是一个工具。

某种程度上，跟 ChatGPT 合作就像与一位才华横溢的写作伙伴共事。它为我提供了丰富的想法和灵感，让我能够以一种全新的方式来完成写作的过程。但就像任何良好的伙伴关系都离不开互动交流一样，尽管 ChatGPT 为我提供了大量的支持，我仍需要做很多工作来塑造和完善这些内容。

最终，从提出构想、敲定框架，到浩繁的人工编辑，再到法律专家审查，以及封面设计和营销策划，这个项目得以实现归功于整个出版团队的创新、远见与勤勉。

所以，如果你正在考虑使用像 ChatGPT 这样的工具来帮助写作，我的建议就是放手去做，但不要过分依赖它。请记住，无论一个写作工具有多好，它都永远不能取代你的创造力、激情和努力的工作。

希望我能帮到大家。